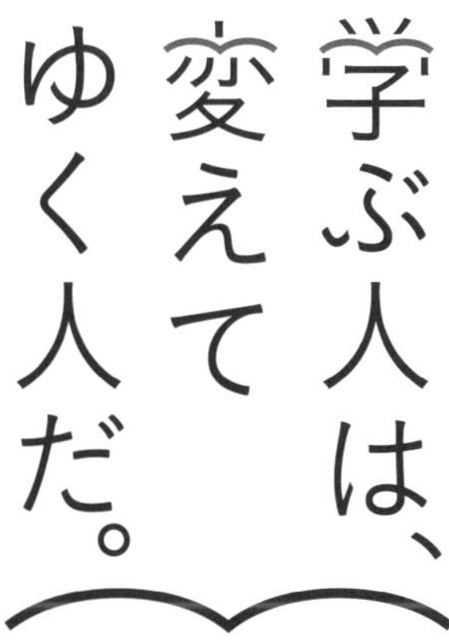

目の前にある問題はもちろん、

人生の問いや、

社会の

挑み続

少しずつ　　　る。

いつでも、どこでも、誰でも、

学ぶことができる世の中へ。

旺文社

大学入学
共通テスト

化学基礎
集中講義 改訂版

代々木ゼミナール講師
西村淳矢 著

旺文社

はじめに

共通テストは，「思考力」を測る試験として導入されました。では，思考力とはいったい何なのでしょうか。思考力を必要とする問題には，どのように対策していけばいいのでしょうか。その答えは，

知識を蓄えること　解法をマスターすること

です。「それ，普通じゃん」と思った人も多いのではないでしょうか。そうです。普通の勉強をしっかりしていれば，どのような問題にも対応できるのです。
「思考力」を要する問題を分析していくと，

①　知っている知識と結び付けて解く問題
②　複数の段階を経て解く問題

といえるでしょう。結局，教科書レベルの問題を解くために必要な知識と解法が頭の中に入っている，というのが最も大切なのです。

本書は，受験生が**共通テストの化学基礎で高得点を取れる**ように執筆しました。以下の 2STEP で読み進めていけるよう設計されています。

STEP1　講義形式のまとめを読み，必要な知識・解法を理解
STEP2　過去問を解いて解説を読み，その知識・解法を定着

化学基礎全範囲に渡ってこれを繰り返すことで，自ずと得点力が上がっていく仕組みになっています。また，各章の最後には，**共通テストらしい長いリード文を読み解く問題**が掲載されていますので，これを解くことで実戦力も鍛えられるでしょう。さらに，近年頻出である**日常生活とのかかわりに関する内容**も CHAPTER 5 でまとめておきました。

化学は苦手だな，勉強したくないな…と思っている受験生も多いことでしょう。しかし，**化学は勉強すれば必ず高得点が取れる科目**です。本書が共通テスト対策の最高の相棒になれば嬉しいです。頑張れ，受験生！！

西村 淳矢

「共通テスト化学基礎」の特徴と勉強法

共通テスト化学基礎の出題形式

共通テストの化学基礎は，大問２題構成であり，第１問は単問形式の問題が，第２問は長いリード文を読み解答する形式の問題が出題されている。

第１問は小問集合であり，さまざまな単元からまんべんなく出題される。出題のパターンとしては，**正誤問題**と**計算問題**がそのほとんどである。

第２問は，１つのテーマに関する長い**リード文を読み，本文の内容をもとに解答する**という，二次・私大の入試問題のような形式で出題される。

共通テスト化学基礎の対策

正誤問題は，選択肢の中から正しい(または誤りの)ものを選ぶ必要があるため，確実に正解するためにはすべての選択肢の正誤判定ができなければならない。よって，日常学習や過去問，模試の復習を行うときでも，すべての選択肢について**「どこが，どのように誤りなのか」を説明できるようにする**ことを意識して勉強するとよいだろう。

計算問題は**単位と意味を考えながら立式**するようにしよう。公式の丸暗記では対応できないような計算問題も出題されるため，「なぜこのような式になるのか」を考えながら立式するクセをつけよう。また，単位は計算のヒントとなるため，単位を意識しながら立式するとよい。

第２問のような長いリード文を読んで解答する問題は，本文を読み，必要な情報を抜き出し，それをもとに解答するような，いわゆる思考力が必要な問題となる。ただし，思考力といっても**基礎的な知識の組合せで解答できる**問題である。過去問や模試などを多くこなし出題形式に慣れることが対策となる。

共通テスト化学基礎の勉強法

化学基礎はあくまで知識が必要な科目であり，覚えるべきことをきちんと覚えることが最も重要である。知識がなければ思考することはできないため，覚えることをおろそかにしていては高得点は取れない。**知識をつけ，解法を理解するという当たり前の勉強こそが高得点を取るための早道**だということは肝に銘じておいてほしい。

本書の特長と使い方

本書は「大学入学共通テスト 化学基礎」で高得点を取ることを目的とした問題集です。必要な知識を定着させ，考える力を鍛え，問題形式に慣れることができます。

- 「化学基礎」全体を４つのCHAPTERに分け，近年頻出である日常生活とのかかわりに関する内容をCHAPTER 5にまとめました。

本冊

GUIDANCE
このTHEMEで学ぶこと，習得したいことを簡潔に述べてあります。

POINT
共通テストを受験するうえで，必ず知っておきたい基礎事項をまとめてあります。特に重要な事項は付属の赤セルシートで隠せます。繰り返し確認して確実に覚えましょう。

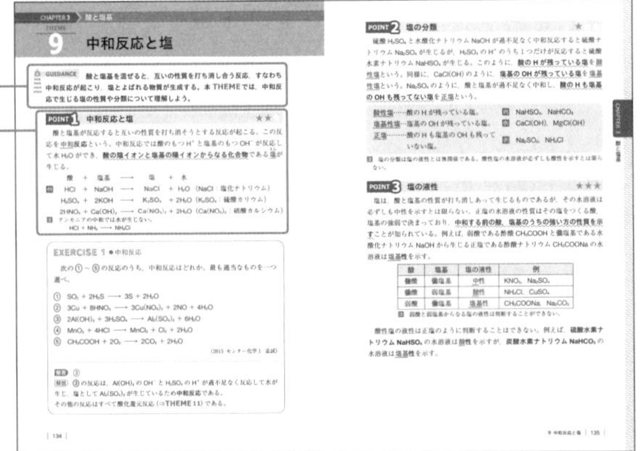
CHAPTER 3 酸と塩基

THEME 9 中和反応と塩

GUIDANCE 酸と塩基を混ぜると，互いの性質を打ち消し合う反応，すなわち中和反応が起こり，塩とよばれる物質が生成する。本THEMEでは，中和反応で生じる塩の性質や分類について理解しよう。

POINT 1 中和反応と塩 ★★

酸と塩基が反応すると互いの性質を打ち消そうとする反応が起こる。この反応を中和反応という。中和反応では酸のもつ H^+ と塩基のもつ OH^- が反応して水 H_2O ができ，酸の陰イオンと塩基の陽イオンからなる化合物である塩が生じる。

酸 ＋ 塩基 ⟶ 塩 ＋ 水

例 $HCl + NaOH \longrightarrow NaCl + H_2O$ （NaCl：塩化ナトリウム）

$H_2SO_4 + 2KOH \longrightarrow K_2SO_4 + 2H_2O$ （K_2SO_4：硫酸カリウム）

$2HNO_3 + Ca(OH)_2 \longrightarrow Ca(NO_3)_2 + 2H_2O$ （$Ca(NO_3)_2$：硝酸カルシウム）

注 アンモニアの中和では水が生じない。

$HCl + NH_3 \longrightarrow NH_4Cl$

EXERCISE 1 ●中和反応

次の①～⑤の反応のうち，中和反応はどれか。最も適当なものを一つ選べ。

① $SO_2 + 2H_2S \longrightarrow 3S + 2H_2O$
② $3Cu + 8HNO_3 \longrightarrow 3Cu(NO_3)_2 + 2NO + 4H_2O$
③ $2Al(OH)_3 + 3H_2SO_4 \longrightarrow Al_2(SO_4)_3 + 6H_2O$
④ $MnO_2 + 4HCl \longrightarrow MnCl_2 + Cl_2 + 2H_2O$
⑤ $CH_3COOH + 2O_2 \longrightarrow 2CO_2 + 2H_2O$

（2015 センター化学Ⅰ 追試）

解答 ③

解説 ③の反応は，$Al(OH)_3$ の OH^- と H_2SO_4 の H^+ が過不足なく反応して水が生じ，塩として $Al_2(SO_4)_3$ が生じているため中和反応である。
その他の反応はすべて酸化還元反応（⇒THEME 11）である。

| 134 |

POINT 2 塩の分類 ★

硫酸 H_2SO_4 と水酸化ナトリウム NaOH が過不足なく中和反応すると硫酸ナトリウム Na_2SO_4 が生じるが，H_2SO_4 の H^+ のうち１つだけが反応すると硫酸水素ナトリウム $NaHSO_4$ が生じる。このように，酸のHが残っている塩を酸性塩という。同様に，CaCl(OH)のように，塩基のOHが残っている塩を塩基性塩という。Na_2SO_4 のように，酸と塩基が過不足なく中和し，酸のHも塩基のOHも残ってない塩を正塩という。

酸性塩……酸のHが残っている塩。 例 $NaHSO_4$，$NaHCO_3$
塩基性塩…塩基のOHが残っている塩。 例 CaCl(OH)，MgCl(OH)
正塩………酸のHも塩基のOHも残っていない塩。 例 Na_2SO_4，NH_4Cl

注 塩の分類は塩の液性とは無関係である。酸性塩の水溶液が必ずしも酸性を示すとは限らない。

POINT 3 塩の液性 ★★★

塩は，酸と塩基の性質が打ち消しあって生じるものであるが，その水溶液は必ずしも中性を示すとは限らない。正塩の水溶液の性質はその塩をつくる酸，塩基の強弱で決まっており，中和する前の酸，塩基のうちの強い方の性質を示すことが知られている。例えば，弱酸である酢酸 CH_3COOH と強塩基である水酸化ナトリウム NaOH から生じる正塩である酢酸ナトリウム CH_3COONa の水溶液は塩基性を示す。

酸	塩基	塩の液性	例
強酸	強塩基	中性	KNO_3，Na_2SO_4
強酸	弱塩基	酸性	NH_4Cl，$CuSO_4$
弱酸	強塩基	塩基性	CH_3COONa，Na_2CO_3

注 弱酸と弱塩基からなる塩の液性は判断することができない。

酸性塩の液性は正塩のように判断することはできない。例えば，硫酸水素ナトリウム $NaHSO_4$ の水溶液は酸性を示すが，炭酸水素ナトリウム $NaHCO_3$ の水溶液は塩基性を示す。

9 中和反応と塩 | 135 |

EXERCISE
過去のセンター試験・共通テスト・試行調査の問題から，学習効果が高い問題を精選しました。問題の下には，解説があります。問題を間違えてしまった場合だけでなく，正解できた場合も必ず読んでください。どの問題も必ず解けるようにしましょう。

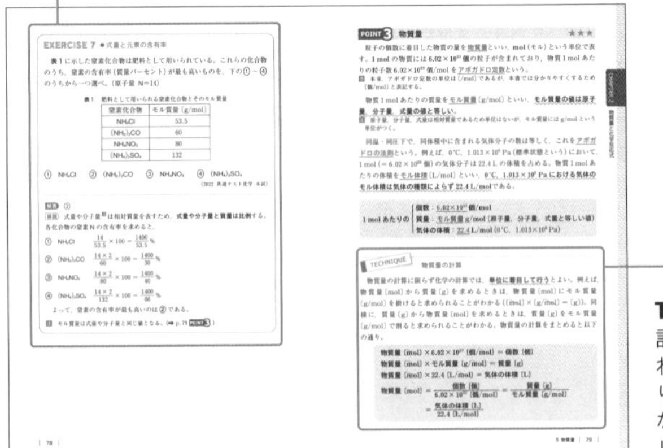
EXERCISE 7 ●式量と元素の含有率

表１に示した窒素化合物は肥料として用いられている。これらの化合物のうち，窒素の含有率（質量パーセント）が最も高いものを，下の①～④のうちから一つ選べ。（原子量 N＝14）

表１ 肥料として用いられる窒素化合物とそのモル質量

窒素化合物	モル質量〔g/mol〕
NH_4Cl	53.5
$(NH_2)_2CO$	60
NH_4NO_3	80
$(NH_4)_2SO_4$	132

① NH_4Cl　② $(NH_2)_2CO$　③ NH_4NO_3　④ $(NH_4)_2SO_4$

（2022 共通テスト化学 本試）

解答 ②

解説 式量や分子量[注]は相対質量を表すため，式量や分子量と質量は比例する。各化合物の窒素Nの含有率を求めると，

① NH_4Cl　$\frac{14}{53.5} \times 100 = \frac{1400}{53.5}$ %
② $(NH_2)_2CO$　$\frac{14 \times 2}{60} \times 100 = \frac{1400}{30}$ %
③ NH_4NO_3　$\frac{14 \times 2}{80} \times 100 = \frac{1400}{40}$ %
④ $(NH_4)_2SO_4$　$\frac{14 \times 2}{132} \times 100 = \frac{1400}{66}$ %

よって，窒素の含有率が最も高いのは②である。

注 モル質量は式量や分子量と同じ値となる。（➡ p.79 POINT 3）

| 78 |

POINT 3 物質量 ★★★

粒子の個数に着目した物質の量を物質量といい，mol（モル）という単位で表す。1 mol の物質には 6.02×10^{23} 個の粒子が含まれており，物質 1 mol あたりの粒子数 6.02×10^{23} 個/mol をアボガドロ定数という。

注 本来，アボガドロ定数の単位は〔/mol〕であるが，本書では分かりやすくするため〔個/mol〕と表記する。

物質 1 mol あたりの質量をモル質量〔g/mol〕といい，モル質量の値は原子量，分子量，式量の値と等しい。

注 原子量，分子量，式量は相対質量であるため単位はないが，モル質量には g/mol という単位がつく。

同温・同圧下で，同体積中に含まれる気体分子の数は等しく，これをアボガドロの法則という。例えば，0℃，1.013×10^5 Pa（標準状態という）において，1 mol（＝6.02×10^{23} 個）の気体分子は 22.4 L の体積を占める。物質 1 mol あたりの体積をモル体積〔L/mol〕といい，0℃，1.013×10^5 Pa における気体のモル体積は気体の種類によらず 22.4 L/mol である。

1 mol あたりの
- 個数：6.02×10^{23} 個/mol
- 質量：モル質量 g/mol（原子量，分子量，式量と等しい値）
- 気体の体積：22.4 L/mol（0℃，1.013×10^5 Pa）

TECHNIQUE 物質量の計算

物質量の計算に限らず化学の計算では，単位に着目して行うとよい。例えば，物質量〔mol〕から質量〔g〕を求めるときは，物質量〔mol〕にモル質量〔g/mol〕を掛けると求められることがわかる（〔mol〕×〔g/mol〕＝〔g〕）。同様に，質量〔g〕から物質量〔mol〕を求めるときは，質量〔g〕をモル質量〔g/mol〕で割ると求められることがわかる。物質量の計算をまとめると以下の通り。

物質量〔mol〕× 6.02×10^{23}〔個/mol〕＝ 個数〔個〕
物質量〔mol〕× モル質量〔g/mol〕＝ 質量〔g〕
物質量〔mol〕× 22.4〔L/mol〕＝ 気体の体積〔L〕

$$物質量〔mol〕= \frac{個数〔個〕}{6.02 \times 10^{23}〔個/mol〕} = \frac{質量〔g〕}{モル質量〔g/mol〕} = \frac{気体の体積〔L〕}{22.4〔L/mol〕}$$

5 物質量 | 79 |

TECHNIQUE
計算問題の解法のコツなどを，わかりやすく解説しました。取り上げてある内容はどれも大切なものです。必ずマスターしましょう。

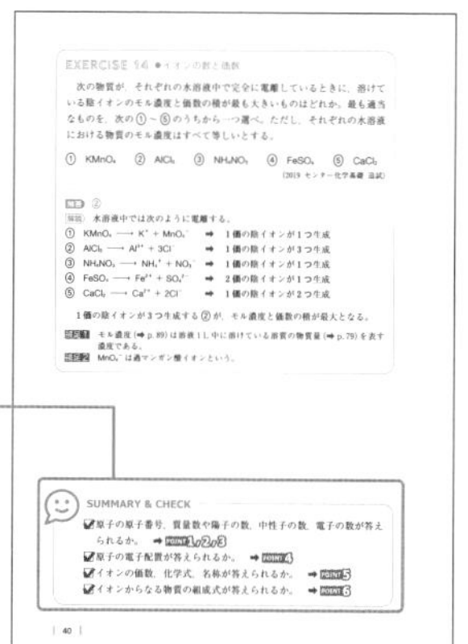

EXERCISE 14 ●イオンの数と価数

次の物質が，それぞれの水溶液中で完全に電離しているときに，溶けている陰イオンのモル濃度と価数の積が最も大きいものはどれか。最も適当なものを，次の①～⑤のうちから一つ選べ。ただし，それぞれの水溶液における物質のモル濃度はすべて等しいとする。

① $KMnO_4$　② $AlCl_3$　③ NH_4NO_3　④ $FeSO_4$　⑤ $CaCl_2$

（2019 センター化学基礎 追試）

解答 ②

解説 水溶液中では次のように電離する。

① $KMnO_4 \longrightarrow K^+ + MnO_4^-$ ➡ 1価の陰イオンが1つ生成
② $AlCl_3 \longrightarrow Al^{3+} + 3Cl^-$ ➡ 1価の陰イオンが3つ生成
③ $NH_4NO_3 \longrightarrow NH_4^+ + NO_3^-$ ➡ 1価の陰イオンが1つ生成
④ $FeSO_4 \longrightarrow Fe^{2+} + SO_4^{2-}$ ➡ 2価の陰イオンが1つ生成
⑤ $CaCl_2 \longrightarrow Ca^{2+} + 2Cl^-$ ➡ 1価の陰イオンが2つ生成

1価の陰イオンが3つ生成する②が，モル濃度と価数の積が最大となる。

補足1 モル濃度（➡ p.89）は溶液1L中に溶けている溶質の物質量（➡ p.79）を表す濃度である。

補足2 MnO_4^- は過マンガン酸イオンという。

SUMMARY & CHECK

☑原子の原子番号，質量数や陽子の数，中性子の数，電子の数が答えられるか。 ➡ POINT 1,2,3
☑原子の電子配置が答えられるか。 ➡ POINT 4
☑イオンの価数，化学式，名称が答えられるか。 ➡ POINT 5
☑イオンからなる物質の組成式が答えられるか。 ➡ POINT 6

| 40 |

SUMMARY & CHECK

そのTHEMEの内容を理解できたかどうか確認しましょう。答えられないときは，POINTに戻って確認してください。

チャレンジテスト
（大学入学共通テスト実戦演習）

過去のセンター試験・共通テスト・試行調査の問題を，本番に近い形式で掲載しました。いろいろなTHEMEにまたがった問題もあります。そのCHAPTERの総仕上げとして取り組んでください。

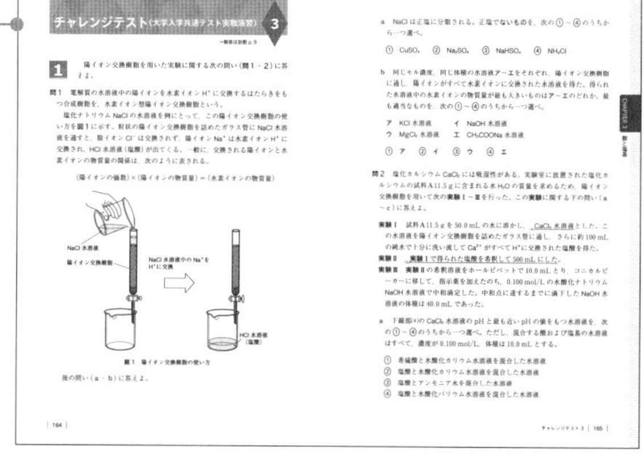

チャレンジテスト（大学入学共通テスト実戦演習）3

→解答は別冊 p.9

1 陽イオン交換樹脂を用いた実験に関する次の問い（問1・2）に答えよ。

問1 電解質の水溶液中の陽イオンを水素イオン H^+ に交換するはたらきをもつ合成樹脂を，水素イオン型陽イオン交換樹脂という。

塩化ナトリウム NaCl の水溶液を例にとって，この陽イオン交換樹脂の使い方を図1に示す。粒状の陽イオン交換樹脂を詰めたガラス管に NaCl 水溶液を通すと，陰イオン Cl^- は交換されず，陽イオン Na^+ は水素イオン H^+ に交換され，HCl 水溶液（塩酸）が出てくる。一般に，交換される陽イオンと水素イオンの物質量の関係は，次のように表される。

（陽イオンの価数）×（陽イオンの物質量）＝（水素イオンの物質量）

図1 陽イオン交換樹脂の使い方

後の問い（a・b）に答えよ。

| 164 |

a NaCl は正塩に分類される。正塩でないものを，次の①～④のうちから一つ選べ。

① $CuSO_4$　② Na_2SO_4　③ $NaHSO_4$　④ NH_4Cl

b 同じモル濃度，同じ体積の水溶液ア～エをそれぞれ，陽イオン交換樹脂に通し，陽イオンがすべて水素イオンに交換された水溶液を得た。得られた水溶液中の水素イオンの物質量が最も大きいものはア～エのどれか。最も適当なものを，次の①～④のうちから一つ選べ。

ア KCl 水溶液　イ NaOH 水溶液
ウ $MgCl_2$ 水溶液　エ CH_3COONa 水溶液

① ア　② イ　③ ウ　④ エ

問2 塩化カルシウム $CaCl_2$ には吸湿性がある。実験室に放置された塩化カルシウムの試料A 11.5 g に含まれる水 H_2O の質量を求めるため，陽イオン交換樹脂を用いて次の**実験Ⅰ～Ⅲ**を行った。この**実験**に関する下の問い（a～c）に答えよ。

実験Ⅰ 試料A 11.5 g を 50.0 mL の水に溶かし，(a)$CaCl_2$ 水溶液とした。この水溶液を陽イオン交換樹脂を詰めたガラス管に通し，さらに約 100 mL の純水で十分に洗い流して Ca^{2+} がすべて H^+ に交換された塩酸を得た。

実験Ⅱ (b)**実験Ⅰ**で得られた塩酸を希釈して 500 mL にした。

実験Ⅲ **実験Ⅱ**の希釈溶液をホールピペットで 10.0 mL とり，コニカルビーカーに移して，指示薬を加えたのち，0.100 mol/L の水酸化ナトリウム NaOH 水溶液で中和滴定した。中和点に達するまでに滴下した NaOH 水溶液の体積は 40.0 mL であった。

a 下線部(a)の $CaCl_2$ 水溶液の pH と最も近い pH の値をもつ水溶液を，次の①～④のうちから一つ選べ。ただし，混合する酸および塩基の水溶液はすべて，濃度が 0.100 mol/L，体積は 10.0 mL とする。

① 希硫酸と水酸化カリウム水溶液を混合した水溶液
② 塩酸と水酸化カリウム水溶液を混合した水溶液
③ 塩酸とアンモニア水を混合した水溶液
④ 塩酸と水酸化バリウム水溶液を混合した水溶液

CHAPTER 3 酸と塩基

チャレンジテスト3 | 165 |

別冊解答

■解答

解答は答え合わせがしやすいように，冒頭に掲載しました。誤っていた場合，解説を読まずに，もう一度問題に取り組んでみるのも思考力を鍛える有効な方法です。もちろん，解説をじっくり読んで納得した上で，問題に再チャレンジしてもよいでしょう。

■解説

解説は，「なぜその解答になるのか」だけでなく，「周辺知識の確認や整理」，「考察問題を解くコツ」，「情報を上手に抽出・整理する方法」，「効率的な問題へのアプローチ法」など，より学力が向上するように作成しました。問題を間違えてしまった場合だけでなく，正解できた場合も必ず読んでください。

もくじ

CHAPTER 5 化学と人間生活

チャレンジテスト(大学入学共通テスト実戦演習)の解答・解説は，別冊です。
※問題は，より実力がつくように適宜改題してあります。

装丁デザイン：及川真咲デザイン事務所（内津剛）
本文デザイン：ME TIME（大貫としみ）

CHAPTER 1

物質の構成

THEME

1 物質の成分と構成元素

GUIDANCE 身のまわりにある物質のほとんどが混合物である。この混合物から純物質を分離・精製するにはどのような方法があるのか。本 THEME では混合物の分離方法と実験装置，実験操作について確認しよう。また，物質を構成する元素の確認や，物質の三態の特徴についても確認しよう。

POINT 1 純物質と混合物 ★★☆

ほかの物質が混じっていない単一の物質を純物質といい，純物質は**1種類の元素**からなる単体と，**2種類以上の元素**からなる化合物に分類される。それに対し，**何種類かの物質が混じり合った物質**を混合物という。純物質は融点・密度などの値が**決まっている**が，混合物ではその**組成により異なる**。

EXERCISE 1 ●単体，化合物，混合物

空気，メタンおよびオゾンを，単体，化合物および混合物に分類した。この分類として最も適当なものを，次の①～⑥のうちから一つ選べ。

	単　体	化合物	混合物
①	空　気	メタン	オゾン
②	空　気	オゾン	メタン
③	メタン	オゾン	空　気
④	メタン	空　気	オゾン
⑤	オゾン	空　気	メタン
⑥	オゾン	メタン	空　気

(2021 共通テスト化学基礎 第1日程)

解答 ⑥

解説 空気は，窒素 N_2，酸素 O_2，アルゴン Ar，二酸化炭素 CO_2 などを含む**混合物**である。

メタン CH_4 は，2種類以上の元素からなる**化合物**である。

オゾン O_3 は，1種類の元素からなる**単体**である。

EXERCISE 2 ●単体と化合物

単体でないものを，次の ①～⑥ のうちから一つ選べ。

① 黒　鉛　② 単斜硫黄　③ 水　銀　④ 赤リン
⑤ オゾン　⑥ 水　晶　(2015 センター化学基礎 本試)

解答 ⑥

解説 ① 黒鉛は C，② 単斜硫黄は S_8，③ 水銀は Hg，④ 赤リンは P，⑤ オゾンは O_3 で表される**単体**である。

⑥ 水晶は二酸化ケイ素 SiO_2 の結晶であり，**化合物**である。

EXERCISE 3 ●純物質と混合物

次の（**a**・**b**）に当てはまる二つの物質の組合せとして最も適当なものを，下の ①～⑤ のうちから一つずつ選べ。

a　単体と化合物
b　純物質と混合物

① ダイヤモンドと黒鉛　② 塩素と塩化ナトリウム
③ 塩化水素と塩酸　④ メタンとエタン
⑤ 希硫酸とアンモニア水　(2018 センター化学基礎 追試)

解答 **a** ②　**b** ③

解説 ① ダイヤモンド，黒鉛はいずれも炭素からなる**単体**であり，互いに**同素体**（➡ p. 18 POINT 4）の関係である。

② 塩素 Cl_2 は**単体**で，塩化ナトリウム NaCl は**化合物**である。

③ 塩化水素 HCl は**純物質**（化合物）であり，塩酸は塩化水素 HCl が水に溶けた**混合物**である。

④ メタン CH_4，エタン C_2H_6 はいずれも**化合物**である。

⑤ 希硫酸は硫酸 H_2SO_4 が水に溶けた**混合物**，アンモニア水はアンモニア NH_3 が水に溶けた**混合物**である。

POINT 2 混合物の分離 ★★★

混合物から物質を分けて取り出す操作を分離といい，取り分けた物質から不純物を取り除く操作を精製という。分離・精製の操作には以下のものがある。

(1) ろ過…固体と液体の混合物を**ろ紙などを用いて分離する**方法。ろ過で得られた液体をろ液という。

例 水中の塩化銀の沈殿を分離する。

(2) 蒸留…混合物を加熱し，発生した蒸気を冷却して凝縮させることで，液体を分離する方法。特に，**沸点の差を利用**して成分を分離する方法を分留という。

例 食塩水中の水を分離する。

(3) 昇華法…昇華（固体が直接気体になる状態変化）しやすい物質を含む混合物を加熱し，昇華した気体を冷却して固体とし，分離する方法。

例 砂とヨウ素の混合物からヨウ素を分離する。

(4) 再結晶…温度による溶解度の違いを利用し，少量の不純物を含む固体物質から純粋な結晶を析出させる方法。

例 少量の硫酸銅（Ⅱ）を含む硝酸カリウムから純粋な硝酸カリウムを分離する。

(5) 抽出…混合物中の目的の成分を**特定の溶媒に溶かし出して**分離する方法。溶液中の物質を抽出するには分液ろうとが用いられる。

例 ヨウ素をヘキサンに溶かし出して分離する。

(6) クロマトグラフィー…ろ紙やシリカゲルのような吸着剤の，物質による**吸着力の違い**を利用して，混合物から各成分を分ける方法。特に，ろ紙を利用するクロマトグラフィーをペーパークロマトグラフィーという。

例 黒インク中の色素をろ紙を用いて分離する。

EXERCISE 4 ●分離操作

物質を分離する操作に関する記述として下線部が正しいものを，次の①～⑤のうちから一つ選べ。

① 溶媒に対する溶けやすさの差を利用して，混合物から特定の物質を溶媒に溶かして分離する操作を抽出という。
② 沸点の差を利用して，液体の混合物から成分を分離する操作を昇華法(昇華)という。
③ 固体と液体の混合物から，ろ紙などを用いて固体を分離する操作を再結晶という。
④ 不純物を含む固体を溶媒に溶かし，温度によって溶解度が異なることを利用して，より純粋な物質を析出させ分離する操作をろ過という。
⑤ 固体の混合物を加熱して，固体から直接気体になる成分を冷却して分離する操作を蒸留という。 (2016 センター化学基礎 本試)

解答 ①

解説 ① 溶けやすさの違いを利用して，混合物からある物質だけを溶媒に溶かし出して分離する方法を**抽出**という。正しい。
② 沸点の差を利用して成分を分離する方法を**分留**という。誤り。
③ ろ紙を用いて固体を分離する方法を**ろ過**という。誤り。
④ 混合物を溶媒に溶かし，温度による溶解度の差を利用し，冷却することで純粋な物質を析出させ分離する方法を**再結晶**という。誤り。
⑤ 固体が直接気体になる変化を利用して，物質を分離する操作を**昇華（法）**という。誤り。

EXERCISE 5 ●混合物の分離

身のまわりの事柄とそれに関連する化学用語の組合せとして**適当でないもの**を，次の①～⑤のうちから一つ選べ。

	身のまわりの事柄	化学用語
①	澄んだだし汁を得るために，布巾（ふきん）やキッチンペーパーを通して，煮出した鰹節（かつおぶし）を取り除く。	ろ　過
②	茶葉を入れた急須（きゅうす）に湯を注いで，お茶をいれる。	蒸　留
③	車や暖房の燃料となるガソリンや灯油を，原油から得る。	分　留
④	活性炭が入った浄水器で，水をきれいにする。	吸　着
⑤	アイスクリームをとかさないために用いたドライアイスが小さくなる。	昇　華

(2014 センター化学Ⅰ 本試)

解答 ②

解説 ① 布巾やキッチンペーパーを用いて鰹節をこし分けるため，**ろ過**である。
② 茶葉の中の成分をお湯に溶かし出すため，**抽出**である。
③ 原油から沸点の異なるガソリンや灯油を分けるため，**分留**である。
④ 活性炭の中に汚れを**吸着**させて取り除く。
⑤ ドライアイスは固体から気体に変化するため，**昇華**である。

EXERCISE 6 ●石油の分離

製油所では，石油（原油）から，その成分であるナフサ（粗製ガソリン），灯油，軽油が分離される。この際に利用される，混合物から成分を分離する操作に関する記述として最も適当なものを，次の①～④のうちから一つ選べ。

① 混合物を加熱し，成分の沸点の差を利用して，成分ごとに分離する操作
② 混合物を加熱し，固体から直接気体になった成分を冷却して分離する操作
③ 溶媒に対する溶けやすさの差を利用して，混合物から特定の物質を溶

媒に溶かし出して分離する操作

④ 温度によって物質の溶解度が異なることを利用して，混合物の溶液から純粋な物質を析出させて分離する操作

(2021 共通テスト化学基礎 第2日程)

解答 ①

解説 石油の成分であるナフサ(粗製ガソリン)，灯油，軽油は**沸点が異なる**ため，沸点の違いを利用し**蒸留**によって各成分を分離する。この操作を**分留**という。

POINT 3 蒸留装置 ★

蒸留装置を組み立てるときは，以下の内容に注意が必要である。

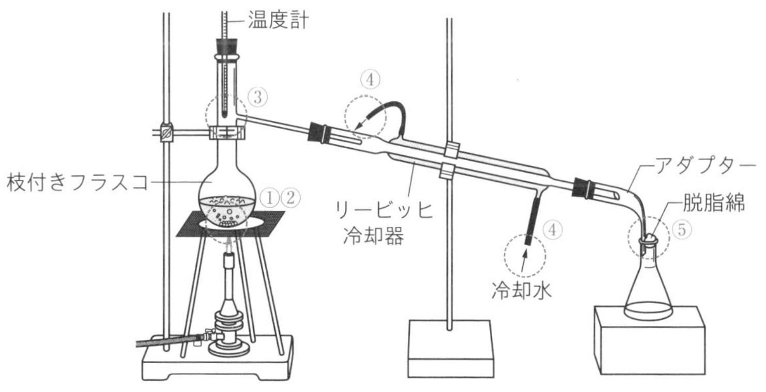

① 突沸を防ぐため，枝付きフラスコ内に沸騰石を加える。

② 枝付きフラスコ内の液量は，**半分以下**にする。

③ 温度計の下端部は，**枝付きフラスコの枝の付け根の高さ**に合わせる。

➡蒸気の温度を測定するため

④ 冷却効率を高めるため，**リービッヒ冷却器**には，水を**下から上に向かって**流す。

⑤ 三角フラスコはゴム栓などで密栓しない。

EXERCISE 7 ●蒸留装置

水道水を蒸留するために，次の**手順Ⅰ・Ⅱ**により，**図1**のように装置を組み立てた。

手順Ⅰ　蒸留で得られる成分の沸点を正しく確認するために，穴をあけたゴム栓に通した温度計を枝付きフラスコに取り付け，温度計の下端部(球部)の位置を調節した。

手順Ⅱ　留出液(蒸留水)を得るために，受け器の三角フラスコを持ち上げてアダプターの先端を差し込んで，三角フラスコの下に台を置いた。

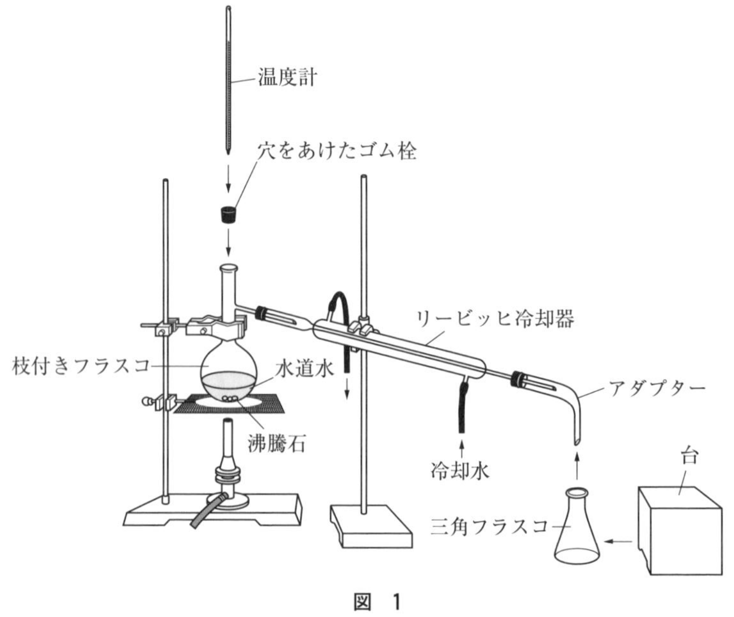

図　1

手順Ⅰに関する注意点(**ア**～**ウ**)および**手順Ⅱ**に関する注意点(**エ**・**オ**)について，最も適当なものの組合せを，後の①～⑥のうちから一つ選べ。

【手順Ⅰに関する注意点】

ア　温度計の下端部を，水道水の中に差し込む。

イ　温度計の下端部を，水道水の液面にできるだけ近づける。

ウ　温度計の下端部を，枝付きフラスコの枝の付け根の高さに合わせる。

【手順Ⅱに関する注意点】

エ　アダプターと三角フラスコの間を，アルミニウム箔で覆うが密閉はしない。

オ　アダプターの先端を穴のあいたゴム栓に通し，三角フラスコに差し込んで密閉する。

	手順Ⅰに関する注意点	手順Ⅱに関する注意点
①	ア	エ
②	ア	オ
③	イ	エ
④	イ	オ
⑤	ウ	エ
⑥	ウ	オ

（2020 センター化学基礎 本試）

⑤

解説　**手順Ⅰ**　蒸留では，蒸気の温度をはかるため，**温度計の下端部を枝付きフラスコの枝の付け根の高さに合わせる。**

手順Ⅱ　アダプターと三角フラスコの間は，**密栓しない。**

POINT 4 単体と化合物，同素体 ★★★

純物質のうち，**1種類の元素からなるもの**を単体（O_2，Fe など），**2種類以上の元素からなるもの**を化合物（H_2O，NaCl など）という。いくつかの元素には，**性質の異なる単体が複数存在**し，それらを同素体という。同素体の例を以下にまとめる。

元素	同素体
炭素 C	ダイヤモンド，黒鉛，フラーレンなど
酸素 O	酸素 O_2，オゾン O_3
リン P	黄リン，赤リン
硫黄 S	斜方硫黄，単斜硫黄，ゴム状硫黄

EXERCISE 8 ●同素体①

同素体である組合せとして適当なものを，次の①～⑥のうちから一つ選べ。

① ヘリウムとネオン　② ^{35}Cl と ^{37}Cl　③ メタノールとエタノール
④ 一酸化窒素と二酸化窒素　⑤ 塩化鉄（Ⅱ）と塩化鉄（Ⅲ）
⑥ 黄リンと赤リン　（2013 センター化学Ⅰ 本試）

解答 ⑥

解説 ① ヘリウム He とネオン Ne は異なる元素である。

② ^{35}Cl と ^{37}Cl は互いに同位体（➡ p. 31 POINT 3）の関係である。

③, ④, ⑤ ③のメタノール CH_3OH とエタノール C_2H_5OH, ④の一酸化窒素 NO と二酸化窒素 NO_2，⑤の塩化鉄（Ⅱ）$FeCl_2$ と塩化鉄（Ⅲ）$FeCl_3$ は異なる化合物である。

⑥ 黄リンと赤リンは互いに**同素体**の関係である。

EXERCISE 9 ●同素体②

同素体に関する記述として**誤りを含むもの**を，次の①～⑤のうちから一つ選べ。

① ダイヤモンドは炭素の同素体の一つである。
② 炭素の同素体には電気を通すものがある。
③ 黄リンはリンの同素体の一つである。
④ 硫黄の同素体にはゴムに似た弾性をもつものがある。
⑤ 酸素には同素体が存在しない。

(2017 センター化学基礎 本試)

解答 ⑤

解説 ② 炭素の同素体である**黒鉛**は電気を通す。正しい。
④ 硫黄の同素体である**ゴム状硫黄**は，ゴムに似た弾性をもつ。正しい。
⑤ 酸素には，**酸素 O_2** と**オゾン O_3** の同素体がある。誤り。

EXERCISE 10 ●元素と単体

下線を付した語が，元素ではなく単体を指しているものを，次の①～⑤のうちから一つ選べ。

① ^{1}H と ^{2}H は，水素の同位体である。
② 水を電気分解すると，水素と酸素が物質量の比 2：1 で生じる。
③ 塩素の原子量は 35.5 である。
④ カルシウムは，重要な栄養素である。
⑤ メタンは，炭素と水素だけを含む化合物である。

(2001 センター化学ⅠB 追試)

解答 ②

解説 単体は**具体的な物質**を表し，元素は**成分**を表す。よって，「金属の」や「気体の」を付けて意味が通れば単体である。
② 水を電気分解すると，気体の水素と酸素が生じるため，単体を指す。
その他はすべて成分であるため，元素を指す。

POINT 5 元素の確認 

物質に含まれる元素は，次のような方法で確認することができる。

(1) 炎色反応による確認

ある種の元素を含む物質を炎の中に入れると，特有の色の炎が見られる。この反応を炎色反応という。炎色反応の色は以下の通り。

元素	Li	Na	K	Ca	Sr	Ba	Cu
炎色反応	赤	黄	赤紫	橙赤	紅（深赤）	黄緑	青緑

(2) 沈殿生成による確認

ある種の元素は，化学反応により水に不溶性の固体，すなわち沈殿を生じる。例えば，塩化物イオン Cl^- を含む溶液に硝酸銀 $AgNO_3$ 水溶液を加えると，**塩化銀 AgCl** の白色沈殿を生じる。これにより，**塩素 Cl の存在を確認**できる。

$$Ag^+ + Cl^- \longrightarrow AgCl$$

また，石灰水に二酸化炭素を吹き込むと，炭酸カルシウム $CaCO_3$ の白色沈殿が生じる。したがって，ある反応により生じた気体を石灰水に吹き込み，白色沈殿が生じたらその気体が二酸化炭素であることがわかり，これにより**炭素 C の存在を確認**できる。

$$Ca(OH)_2 + CO_2 \longrightarrow CaCO_3 + H_2O$$

EXERCISE 11 ●炎色反応

炎色反応に関する記述として下線部に**誤りを含むもの**を，次の①～⑥のうちから一つ選べ。

① 炎色反応は，物質を高温の炎の中で熱したとき，炎がその物質の成分元素に特有の色を示す現象である。
② 実験室で炎色反応を観察するときは，調べたい物質を含む水溶液をつけた白金線を炎に入れる。
③ ガスバーナーを用いて炎色反応を観察するときは，外炎を用いる。
④ ナトリウムは，黄色の炎色反応を示す。
⑤ 花火には，炎色反応が利用されている。
⑥ 遷移元素は，炎色反応を示さない。

（2017 センター化学基礎 追試）

解答 ⑥

解説 ① 炎色反応は，炎が物質の成分元素に特有の色を示す現象である。正しい。

②，③ 炎色反応では，試料溶液を白金線につけ，それをガスバーナーの**外炎**(温度が高い炎)に入れることで行う。いずれも正しい。

④ ナトリウム Na は，**黄色**の炎色反応を示す。正しい。

⑤ 花火は炎色反応を利用している。正しい。

⑥ 遷移元素(➡ p.41)である**銅 Cu** は炎色反応を示す。誤り。

EXERCISE 12 ●物質の推定

純物質**ア**と純物質**イ**の固体をそれぞれ別のビーカーに入れ，次の**実験Ⅰ**～**Ⅲ**を行った。**ア**と**イ**に当てはまる純物質として最も適当なものを，下の①～⑥のうちから一つずつ選べ。

実験Ⅰ　**ア**の固体に水を加えてかき混ぜると，**ア**はすべて溶けた。

実験Ⅱ　**実験Ⅰ**で得られた**ア**の水溶液の炎色反応を観察したところ，黄色を示した。また，**ア**の水溶液に硝酸銀水溶液を加えると，白色沈殿が生じた。

実験Ⅲ　**イ**の固体に水を加えてかき混ぜても**イ**は溶けなかったが，続けて塩酸を加えると気体の発生を伴って**イ**が溶けた。

① 硝酸カリウム　② 硝酸ナトリウム　③ 炭酸カルシウム
④ 硫酸バリウム　⑤ 塩化カリウム　⑥ 塩化ナトリウム

(2018 センター化学基礎 本試)

解答 **ア** ⑥　**イ** ③

解説 **ア** **黄色**の炎色反応を示すことから，ナトリウム Na を含むことがわかる。また，硝酸銀水溶液を加えて**白色沈殿**(AgCl)が生じることから，塩素 Cl を含むことがわかる。よって，**塩化ナトリウム NaCl** であると推定される。

イ 水に溶けにくいが，塩酸を加えると気体(二酸化炭素)を発生しながら溶けることから，**炭酸カルシウム** $\mathbf{CaCO_3}$ であると推定される。

$$CaCO_3 + 2HCl \longrightarrow CaCl_2 + CO_2 + H_2O$$

EXERCISE 13 ●物質の推定

6種類の純物質，塩化カリウム，炭酸水素ナトリウム，炭酸カルシウム，硫酸バリウム，鉄，銅の粉末がある。そのうち2種類の純物質**ア**と純物質**イ**の混合物に対して，**図1**のような分離操作を行った。

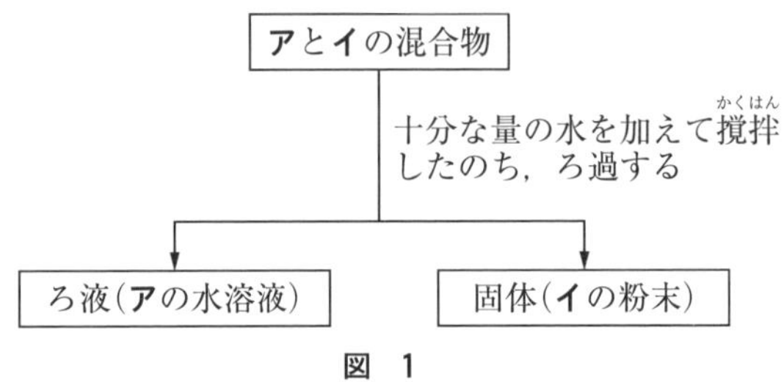

図　1

この操作で得られたろ液および固体について，次の**実験Ⅰ・Ⅱ**を行った。

実験Ⅰ　ろ液を白金線の先につけてガスバーナーの外炎に入れたところ，炎の色が赤紫色になった。

実験Ⅱ　固体に塩酸を注いだところ，気体が発生した。この気体は，無色無臭で空気より軽く，水に不溶で，可燃性であった。

ろ液に含まれる**ア**と固体の**イ**に当てはまるものとして最も適当なものを，次の①～⑥のうちから一つずつ選べ。

① 塩化カリウム　② 炭酸水素ナトリウム　③ 炭酸カルシウム
④ 硫酸バリウム　⑤ 鉄　⑥ 銅

(2020 センター化学基礎 追試)

解答　**ア** ①　**イ** ⑤

解説　**ア**　炎色反応が**赤紫色**であることから，成分元素として**カリウムK**を含むことがわかる。よって，ろ液には**塩化カリウム KCl**が含まれることがわかる。

イ　空気より軽い可燃性の気体は水素 H_2 である。塩酸を加えて水素が発生する固体は**鉄 Fe**であることがわかる。

$$Fe + 2HCl \longrightarrow FeCl_2 + H_2$$

注　銅 Cu は**イオン化傾向が H_2 より小さい**ため，塩酸を加えても水素は発生しない(➡ p.192)。

POINT 6 物質の三態 ★★

物質には固体，液体，気体の3つの状態があり，これらをあわせて物質の三態という。三態間の変化を状態変化といい，状態変化の名称は次図の通りである。

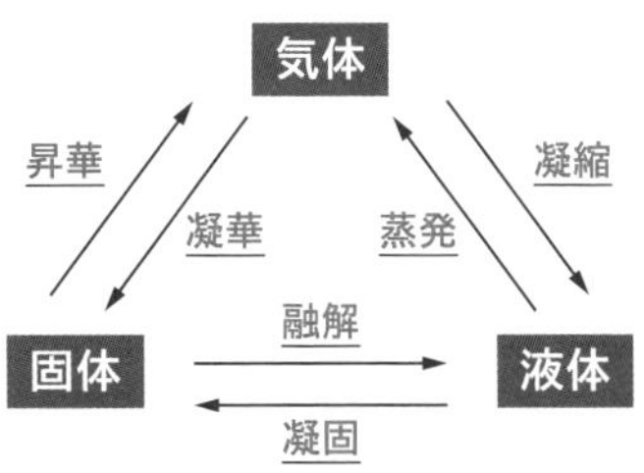

1.013×10^5 Pa のもとで，固体の水（氷）を加熱していくと，以下のような温度変化をする。固体の水（下図①）は，温度が0℃（＝融点）になると融解し，固体から液体に状態変化する（②）。すべて液体になると再び温度が上昇し（③），100℃（＝沸点）になると沸騰し，液体から気体に状態変化する（④）。すべて気体になると，再び温度が上昇する（⑤）。

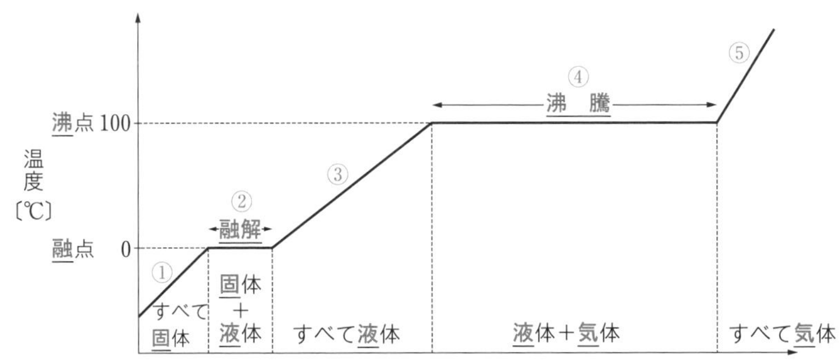

EXERCISE 14 ●物質の三態

温度 T_0 の固体の水(氷)を1気圧(1.013×10^5 Pa)のもとで，完全に気体になるまで加熱した。**図1**のグラフは，このときの加熱時間と温度との関係を示している。**図1**に関する記述として**誤りを含むもの**を，下の①～⑥のうちから一つ選べ。

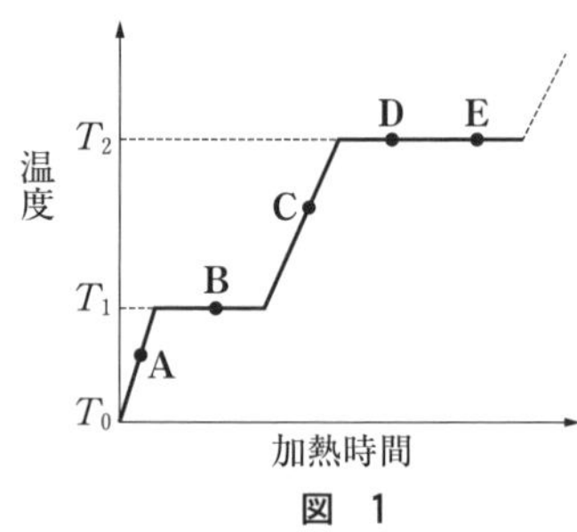

図 1

① 点**A**では，液体は存在しない。
② 温度 T_1 は，融点である。
③ 点**B**では，固体と液体が共存している。
④ 点**C**では，蒸発は起こらない。
⑤ 温度 T_2 は，沸点である。
⑥ 点**D**～点**E**の間では，液体の体積は次第に減少する。

(2016 センター化学基礎 追試)

解答 ④

解説 ① 点**A**では**固体の水のみ**が存在する。正しい。
② 温度 T_1 は**融点**である。正しい。
③ 点**B**では，**固体と液体が共存**する。正しい。
④ 点**C**では，水は液体で存在しているが，沸点でなくても**液体の水の一部は蒸発**する。誤り。
注 蒸発は液体が気体になる変化をいい，沸点より低い温度でも液体の表面から蒸発は起こる。なお，温度が沸点に達して，液体の内部からも気体が発生する現象が沸騰である。
⑤ 温度 T_2 は**沸点**である。正しい。
⑥ 点**D**～点**E**では，液体が気体に状態変化するため，**液体の体積は次第に減少**する。正しい。

EXERCISE 15 ●水の状態変化

1.013×10^5 Pa のもとでの水の状態変化に関する記述として**誤りを含むもの**を，次の ①～⑤ のうちから一つ選べ。

① ポリエチレン袋に少量の水を入れ，できるだけ空気を除いて密封し電子レンジで加熱し続けたところ，袋がふくらんだ。

② 氷水を入れたガラスコップを湿度が高く暖かい部屋に置いておいたところ，コップの外側に水滴がついた。

③ 氷を加熱し続けたところ，0 °C で氷が融解しはじめ，すべての氷が水になるまで温度は一定に保たれた。

④ 水を加熱し続けたところ，100 °C で沸騰しはじめた。

⑤ 水を冷却してすべてを氷にしたところ，その氷の体積はもとの水の体積よりも小さくなった。

(2018 センター化学基礎 本試)

解答 ⑤

解説 ① 袋に水を入れて密封し，電子レンジで加熱すると，**水が蒸発して水蒸気に変化し体積が増える**ため，袋がふくらむ。正しい。

② 氷水を入れたガラスコップを湿度が高く暖かい部屋に置いておくと，**空気中の水蒸気が凝縮し液体の水に変化する**ため，コップの外側に水滴がつく。正しい。

③ 氷を加熱し続けると 0°C で氷が融解しはじめ，**すべての氷が融解し終わるまで温度は 0°C に保たれる**。正しい。

④ 水を加熱し続けると，**100 °C で沸騰**しはじめる。正しい。

⑤ 水は**固体（氷）の方が液体（水）よりも密度が小さい（体積が大きい）**ため，水をすべて氷にすると，**氷の体積はもとの水の体積よりも大きくなる**。誤り。

EXERCISE 16 ●状態変化と日常生活

物質の三態間の変化（状態変化）を示した記述として適当なものを，次の①～⑥のうちから二つ選べ。ただし，解答の順序は問わない。

① 冷え込んだ朝に，戸外に面したガラス窓の内側が水滴でくもった。
② 濁った水をろ過すると，透明な水が得られた。
③ 銅葺(ぶ)き屋根の表面が，長年たつと，青緑色になった。
④ 紅茶に薄切りのレモンを入れると，紅茶の色が薄くなった。
⑤ とがった鉛筆の芯が，鉛筆を使うにつれて，すり減って丸くなった。
⑥ タンスに防虫剤として入れたナフタレンやショウノウが，時間がたつと小さくなった。

（2022 共通テスト化学基礎 追試）

解答 ①，⑥

解説 ① 暖かい部屋の空気中の水蒸気が**凝縮**し，液体の水に**状態変化**した。
② 濁った水を**ろ過**することで，ろ紙の目を通過できる水をこし分けた。
③ 銅が空気中で二酸化炭素や水と反応し，緑青（ろくしょう）に**化学変化**した。
④ レモンの中に含まれる酸（クエン酸）により，紅茶の成分が**化学変化**した。
⑤ 鉛筆の芯に含まれる黒鉛の結晶が薄く剥がれ落ち，丸くなった。
⑥ 固体のナフタレンやショウノウが**昇華**し，気体に**状態変化**した。

POINT 7 粒子の熱運動

粒子は常に不規則な運動をしており，これを熱運動という。例えば，物質が自然に広がっていく現象である拡散も，熱運動によって起こる。熱運動は高温ほど激しくなる。それぞれの状態における粒子の熱運動を次にまとめる。

状態	粒子の熱運動
固体	**粒子間に強い**力がはたらき，粒子はその場で**振動**している
液体	粒子は粒子間の力により集合しながら動きまわっている
気体	粒子は**激しく熱運動**しており，空間を自由に**飛びまわって**いる

EXERCISE 17 ●物質の三態

純物質の状態に関する記述として**誤りを含むもの**を，次の①～④のうちから一つ選べ。

① 液体では，沸点以下でも液面から蒸発が起こる。
② 気体から液体を経ることなく直接固体へ変化する物質は存在しない。
③ 気体では，温度を高くすると分子の熱運動がより激しくなる。
④ 分子結晶では，分子の位置はほぼ固定されているが，分子は常温でも常に熱運動（振動）をしている。 (2020 センター化学基礎 本試・改)

解答 ②

解説 ① 沸点以下の温度でも液体の蒸発は起こる（例えば，洗濯物が乾く，など）。正しい。
② 二酸化炭素の固体である**ドライアイス**などは，固体から直接気体へ状態変化（昇華），あるいは気体から直接固体へ状態変化（凝華）する。誤り。
③ 高温ほど，気体分子は激しく熱運動する。正しい。
④ 固体中では粒子はほぼ固定されているが，**わずかに振動**している。正しい。

SUMMARY & CHECK

- ✔純物質と混合物，単体と化合物の違いが説明できるか。 ➡ POINT 1, 4
- ✔混合物の分離法の名称とその実験操作を理解しているか。 ➡ POINT 2, 3
- ✔元素の確認方法が説明できるか。 ➡ POINT 5
- ✔物質の三態の特徴と，三態間の状態変化の名称を覚えているか。 ➡ POINT 6, 7

THEME

2 原子の構造と電子配置

GUIDANCE 物質は，原子とよばれる粒子が集まってつくられている。物質を構成する最小単位である原子はどのような構造をしているのか。また，原子がイオンになるときどのような変化をし，どのような種類のイオンになるのか。本 THEME では原子とイオンについてその構造などを確認しよう。

POINT 1 原子の構造 ★★★

原子は，中心にある原子核と，その周りの電子殻に存在する電子から構成される。原子核は，**正の電荷**をもつ陽子と**電荷をもたない**中性子からなる。原子は，電気的に中性であるため，正の電荷をもつ陽子と**負の電荷**をもつ電子の数は等しい。また，陽子と中性子の質量はほぼ等しく，電子の質量はその約 $\frac{1}{1840}$ である。

原子の直径は約 10^{-10} m であり，原子核の直径は約 10^{-15}～10^{-14} m であるため，原子核の大きさは原子の大きさに比べはるかに小さい。

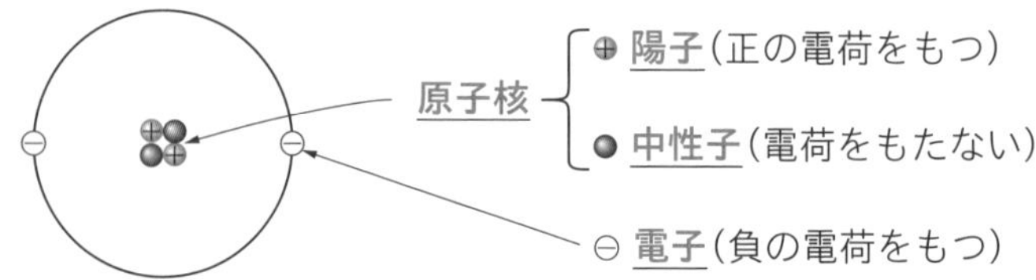

POINT 2 原子番号と質量数 ★★★

原子の種類である元素は陽子の数で決まっており，**陽子の数**をその元素の原子番号という。例えば，陽子が 1 個の水素 H は原子番号が 1，陽子が 2 個のヘリウム He は原子番号が 2 である。

また，**陽子の数と中性子の数の和**を原子の質量数という。

注 電子の質量は陽子と中性子の質量に比べはるかに小さいため，原子の質量は陽子と中性子の数の和にほぼ比例する。

原子番号は元素記号の左下，質量数は元素記号の左上に記す。

例 質量数→ 原子番号→ $^{14}_{6}C$

陽子の数 (＝電子の数＝原子番号)＝ 6 個

中性子の数 (＝質量数－陽子の数)＝14－6＝8 個

EXERCISE 1 ●中性子の数

中性子の数が最も多い原子を，次の①～⑥のうちから一つ選べ。

① ^{38}Ar　② ^{40}Ar　③ ^{40}Ca　④ ^{37}Cl　⑤ ^{39}K　⑥ ^{40}K

（2017 センター化学基礎 本試）

解答 ②

解説 各原子の陽子の数，中性子の数は以下の通り。

原子	① ^{38}Ar	② ^{40}Ar	③ ^{40}Ca	④ ^{37}Cl	⑤ ^{39}K	⑥ ^{40}K
陽子の数	18	18	20	17	19	19
中性子の数	38－18 ＝20	40－18 ＝22	40－20 ＝20	37－17 ＝20	39－19 ＝20	40－19 ＝21

←原子番号

陽子の数＋中性子の数＝質量数 より，中性子の数＝質量数－陽子の数

注 原子番号 1～20 の元素の元素記号と名称は覚えておこう。

EXERCISE 2 ●陽子，中性子，電子の数

水分子1個に含まれる陽子の数 a，電子の数 b，および中性子の数 c の大小関係を正しく表しているものを，次の①～⑦のうちから一つ選べ。ただし，この水分子は ^{1}H と ^{16}O からなるものとする。

① $a=b=c$　② $a=b>c$　③ $c>a=b$　④ $b=c>a$
⑤ $a>b=c$　⑥ $c=a>b$　⑦ $b>c=a$

（2010 センター化学Ⅰ 本試）

解答 ②

解説 各原子の陽子，中性子，電子の数は以下の通り。

	$^{1}_{1}H$	$^{16}_{8}O$
陽子の数	1	8
中性子の数	1－1＝0	16－8＝8
電子の数	1	8

水は $^{1}H_2{}^{16}O$ であるため，水分子1個に含まれる数は以下のように求められる。

陽子の数 $a=1\times2+8=10$　電子の数 $b=1\times2+8=10$

中性子の数 $c=0\times2+8=8$

よって，$a=b>c$ の関係を満たす。

EXERCISE 3 ●原子の構造

次の 6 種類の原子に関する記述として正しいものを，下の ①～⑤ のうちから一つ選べ。

$^{1}_{1}H$　$^{4}_{2}He$　$^{20}_{10}Ne$　$^{23}_{11}Na$　$^{40}_{18}Ar$　$^{39}_{19}K$

① すべての原子は中性子を含む。
② すべての原子において，電子の数と中性子の数は等しい。
③ 質量数は原子番号の順に大きくなる。
④ ヘリウムの陽子の数は水素の陽子の数の 4 倍である。
⑤ 中性子の数が最も多いのはアルゴンである。

(2005 センター化学ⅠA 追試)

解答 ⑤

解説 各原子の陽子の数，中性子の数，電子の数は以下の通り。

原子	$^{1}_{1}H$	$^{4}_{2}He$	$^{20}_{10}Ne$	$^{23}_{11}Na$	$^{40}_{18}Ar$	$^{39}_{19}K$
陽子の数	1	2	10	11	18	19
中性子の数	1−1 =0	4−2 =2	20−10 =10	23−11 =12	40−18 =22	39−19 =20
電子の数	1	2	10	11	18	19

電子の数＝陽子の数＝原子番号

① $^{1}_{1}H$ は中性子を**含まない**。誤り。
② $^{1}_{1}H$，$^{23}_{11}Na$，$^{40}_{18}Ar$，$^{39}_{19}K$ は**電子の数と中性子の数が異なる**。誤り。
③ **$^{39}_{19}K$ は $^{40}_{18}Ar$ よりも原子番号が大きいが，質量数が小さい**。よって，質量数は原子番号の順に大きくなるとはいえない。誤り。
④ $^{4}_{2}He$ の陽子の数は 2 個であり，$^{1}_{1}H$ の陽子の数（1 個）の **2 倍**である。誤り。
⑤ 中性子の数が最も多いのは $^{40}_{18}Ar$ である。正しい。

POINT 3 同位体 ★★★

原子には，**陽子の数が同じで中性子の数の異なる原子**が存在し，それらを互いに同位体（アイソトープ）という。同位体には，放射線を出して壊れていくものが存在し，放射性同位体（ラジオアイソトープ）とよぶ。

例

同位体	$^{1}_{1}H$	$^{2}_{1}H$	$^{3}_{1}H$
陽子の数	1	1	1
中性子の数	0	1	2
種類	安定同位体	安定同位体	放射性同位体

EXERCISE 4 ●同位体

同位体に関する記述として**誤りを含むもの**を，次の①～④のうちから一つ選べ。

① 互いに同位体である原子は，陽子の数が異なる。
② 互いに同位体である原子は，中性子の数が異なる。
③ 互いに同位体である原子は，化学的な性質がほぼ同じである。
④ 放射線の放出により，放射性同位体の量が元の半分になるまでの時間を半減期という。

（2020 センター化学基礎 追試）

解答 ①

解説 ①，② 同位体である原子どうしは，**陽子の数は等しく**，**中性子の数が異なる**。①は誤り。②は正しい。
③ 同位体である原子どうしの**化学的性質はほぼ等しい**。正しい。
④ 放射性同位体が放射線を放出し，その量がはじめの半分になるまでの時間を半減期という。正しい。

EXERCISE 5 ●同位体の半減期

セシウム Cs の放射性同位体の一つである ^{137}Cs は，半減期 30 年で壊変(崩壊)する。^{137}Cs の量が元の量の $\frac{1}{10}$ になる期間として最も適当なものを，次の ① ～ ⑥ のうちから一つ選べ。

① 60 年未満
② 60 年以上 90 年未満
③ 90 年以上 120 年未満
④ 120 年以上 150 年未満
⑤ 150 年以上 180 年未満
⑥ 180 年以上

(2022 共通テスト化学基礎 追試)

解答 ③

解説 放射性同位体の量が**元の量の $\frac{1}{2}$ になるまでの時間**を半減期という。^{137}Cs の半減期が 30 年であるため，^{137}Cs の量と時間の関係は次のようになる。

30 年経過すると，^{137}Cs の量は元の量の $\frac{1}{2}$ になる。

60 年(＝30×2年)経過すると，^{137}Cs の量は元の量の $\left(\frac{1}{2}\right)^2=\frac{1}{4}$ になる。

90 年(＝30×3年)経過すると，^{137}Cs の量は元の量の $\left(\frac{1}{2}\right)^3=\frac{1}{8}$ になる。

120 年(＝30×4年)経過すると，^{137}Cs の量は元の量の $\left(\frac{1}{2}\right)^4=\frac{1}{16}$ になる。

$\frac{1}{10}$ は，$\frac{1}{8}>\frac{1}{10}>\frac{1}{16}$ であるため，^{137}Cs の量が元の量の $\frac{1}{10}$ になるのは，**90 年以上 120 年未満**である。

POINT 4 電子配置 ★★★

電子は，原子核のまわりに存在する複数の電子殻に分かれて存在している。電子殻は内側からK殻，L殻，M殻，N殻…とよばれ，それぞれ最大で2個，8個，18個，32個…の電子が収容されるため，内側からn番目の電子殻には最大で$2n^2$個の電子が収容されることがわかる。電子はエネルギーの低い内側の電子殻から収容される。

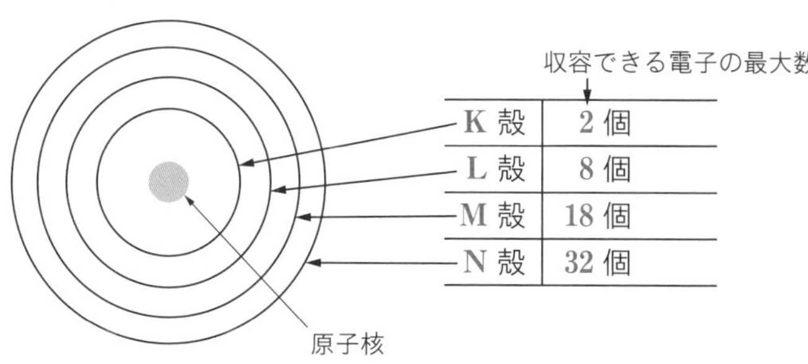

例 $_{15}$P の電子配置 **K2, L8, M5** ← $_{15}$Pの15個の電子は，K殻に2個，L殻に8個，M殻に5個入る。これをK2, L8, M5と表すことが多い。

原子の**一番外側の電子殻にある電子**を最外殻電子といい，原子が**反応や結合するときに関わる電子**を価電子という。貴ガス(18族元素)を除く元素では最外殻電子が価電子となるが，貴ガスは他の原子と反応や結合することがないため価電子数が0である。

EXERCISE 6 ●原子の構造，電子配置

炭素の同位体 $^{14}_{6}$C に関する次の文章中の [a] ～ [d] に入れる数値の組合せとして正しいものを，右の①～⑤のうちから一つ選べ。

$^{14}_{6}$C は，[a] 個の陽子，[b] 個の中性子，および [c] 個の電子で構成されている。これらの電子のうち [d] 個はL殻に入っている。

	a	b	c	d
①	8	6	6	4
②	8	6	14	8
③	6	8	6	2
④	6	8	6	4
⑤	6	14	14	8

(2000 センター化学ⅠB 追試)

解答 ④

解説 $^{14}_{6}$C は，6個の陽子，14－6＝8 個の中性子，6個の電子からなる。その電子配置はK2，L4となるため，L殻には4個の電子が入っている。

EXERCISE 7 ●電子配置

ホウ素原子の電子配置の模式図として最も適当なものを，次の①～⑥のうちから一つ選べ。

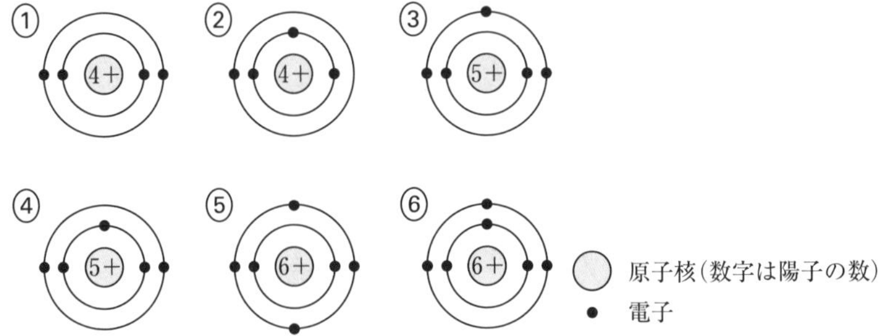

(2018 センター化学基礎 本試)

解答 ③

解説 ホウ素Bは原子番号5の元素であり，電子を5個もつ。電子は内側の電子殻から満たされるため，その電子配置は**K2, L3**となる。

EXERCISE 8 ●最外殻電子

最外殻電子の数が酸素原子のそれと同じである原子を，次の①～⑧のうちから一つ選べ。

① Al　② C　③ Cl　④ Li
⑤ Mg　⑥ Ne　⑦ P　⑧ S

(2017 センター化学基礎 追試)

解答 ⑧

解説 酸素原子Oの電子配置は，**K2, L6**であり，最外殻電子の数は**6**である。それぞれの原子の電子配置は以下の通り。

① $_{13}$Al：K2, L8, M3　② $_{6}$C：K2, L4
③ $_{17}$Cl：K2, L8, M7　④ $_{3}$Li：K2, L1
⑤ $_{12}$Mg：K2, L8, M2　⑥ $_{10}$Ne：K2, L8
⑦ $_{15}$P：K2, L8, M5　⑧ $_{16}$S：K2, L8, M6

よって，最外殻電子の数が酸素原子と同じ**6**なのは，⑧の**S**である。

POINT 5 イオン ★★★

電荷をもつ原子または原子団を**イオン**といい，Na^{+}，S^{2-} のように**1個の原子からなるイオン**を**単原子イオン**，NH_4^{+}，SO_4^{2-} のように**2個以上の原子が結合した原子団からなるイオン**を**多原子イオン**という。

多原子イオンの例（覚えておくこと）

NH_4^{+}：アンモニウムイオン	OH^{-}：水酸化物イオン
NO_3^{-}：硝酸イオン	SO_4^{2-}：硫酸イオン
CO_3^{2-}：炭酸イオン	CN^{-}：シアン化物イオン

原子がイオンになるときは，**安定な貴ガスの電子配置となるように電子を失う，または受け取る**傾向がある。例えば，ナトリウム Na（電子配置 K2, L8, M1）は，**1個の価電子を失う**ことで**ナトリウムイオン Na^{+}**となり，Ne と同じ安定な電子配置（K2, L8）となる。このように，価電子が少ない（1～3個）原子は電子を失い**陽イオン**となる。

貴ガスの電子配置は，最外殻電子の数が8個である（He は2個）

それに対し，硫黄 S（電子配置 K2, L8, M6）は，**2個の電子を受け取る**ことで**硫化物イオン S^{2-}** となり，Ar と同じ安定な電子配置（K2, L8, M8）となる。このように，価電子の多い（5～7個）原子は電子を受け取り**陰イオン**となる。

典型元素では，周期表（➡ p. 41）の**同じ族に属する元素は価電子数が同じであるため，同じ価数のイオンとなる**。

周期＼族	1	2	13	14	15	16	17	18
1	H							He
2	Li	Be	B	C	N	O	F	Ne
3	Na	Mg	Al	Si	P	S	Cl	Ar
4	K	Ca						
価電子数	1	2	3	4	5	6	7	0
イオンの価数と符号	1+	2+	3+		3−	2−	1−	×

EXERCISE 9 ●イオンの電子配置

アルゴン原子と電子配置が同じイオンはどれか。正しいものを，次の①～⑦のうちから一つ選べ。

① Al^{3+}　② Br^-　③ F^-　④ K^+　⑤ Mg^{2+}
⑥ Na^+　⑦ O^{2-}

（2016 センター化学 本試）

解答 ④

解説 原子が安定なイオンになると，**原子番号が最も近い貴ガスと同じ電子配置**をとる。

① Al^{3+}，③ F^-，⑤ Mg^{2+}，⑥ Na^+，⑦ O^{2-} ➡ Ne と同じ電子配置
④ K^+ ➡ Ar と同じ電子配置
② Br^- ➡ Kr と同じ電子配置

EXERCISE 10 ●イオンの構造

ヘリウムイオン（$^4He^+$）の構造を示す模式図として最も適当なものを，次の①～⑨のうちから一つ選べ。ただし，●は陽子，◎は中性子，○は電子を表し，二つの破線の同心円はK殻（内側），L殻（外側）を表している。

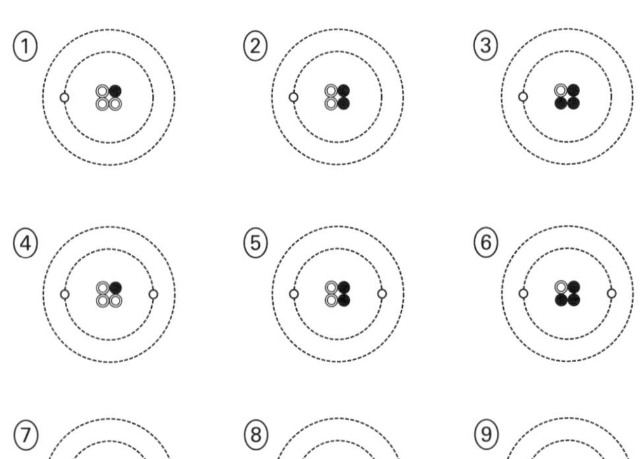

（2010 センター化学Ⅰ 追試）

解答 ②

解説 $^{4}_{2}He$ は陽子の数が 2，中性子の数が 4−2=2 の原子であり，その電子配置は K2 である。**K 殻の電子を 1 つ失うことで He^{+} となる**ため，$^{4}_{2}He^{+}$ の電子配置は ② である。

注 He^{+} は不安定なイオンであり，安定に存在することはできない。

EXERCISE 11 ●原子，イオンの電子配置

原子およびイオンの電子配置に関する記述として**誤りを含むもの**を，次の ①～④ のうちから一つ選べ。

① 炭素原子 C の K 殻には，2 個の電子が入っている。

② 硫黄原子 S は，6 個の価電子をもつ。

③ ナトリウムイオン Na^{+} の電子配置は，フッ化物イオン F^{-} の電子配置と同じである。

④ 窒素原子 N の最外殻電子の数は，リン原子 P の最外殻電子の数と異なる。

(2020 センター化学基礎 本試)

解答 ④

解説 ① 炭素 $_{6}C$ の電子配置は **K2**, L4 であるため，炭素原子の**K 殻には 2 個の電子**が入っている。正しい。

② 硫黄 $_{16}S$ の電子配置は K2, L8, **M6** であるため，硫黄原子は **6 個の価電子**をもつ。正しい。

③ ナトリウムイオン Na^{+}，フッ化物イオン F^{-} の電子配置はいずれも K2, L8 である。正しい。

④ 窒素 $_{7}N$ の電子配置は K2, **L5**，リン $_{15}P$ の電子配置は K2, L8, **M5** であるため，いずれの原子も**最外殻電子は 5 個**で同じである。誤り。

EXERCISE 12 ●イオンの総電子数

イオン1個に含まれる電子の総数が最も多いものを，次の①～④のうちから一つ選べ。ただし，塩素，カリウム，銅の原子番号はそれぞれ17，19，29である。

① CO_3^{2-}　② ClO^-　③ Cu^{2+}　④ K^+

(2020 センター化学 追試)

解答 ①

解説 電子の総数は**原子番号の総和**で求められる。ただし，**陽イオンは価数の分だけ電子を失っており，陰イオンは価数の分だけ電子を受け取って**いる。

各イオン1個に含まれる電子の総数は次の通り。

① CO_3^{2-}　$\underbrace{6}_{\text{Cの原子番号}} + \underbrace{8}_{\text{Oの原子番号}} \times \underbrace{3}_{\text{Oの数}} \underbrace{+2}_{\text{電子を2個受け取った（2価の陰イオン）}} = 32$

② ClO^-　$17+8+1=26$

③ Cu^{2+}　$29-2=27$

④ K^+　$19-1=18$

POINT 6 イオンからなる物質の化学式 ★★★

イオンからなる物質は，**電気的に中性になるように**イオンが結合している。例えば，カルシウムイオン Ca^{2+} と塩化物イオン Cl^{-} が結合する場合，$Ca^{2+}:Cl^{-}=1:2$ で結合するため，$CaCl_2$ という**組成式**で表され，塩化カルシウムとよばれる。多原子イオンが複数存在する場合は，（　）を付けて表す。

例 マグネシウムイオン Mg^{2+} と硝酸イオン NO_3^{-} が結合

$Mg^{2+}:NO_3^{-}=1:2$ で結合 ➡ 硝酸マグネシウム $Mg(NO_3)_2$

EXERCISE 13 ●イオンからなる物質の組成式

問1 陽イオンと陰イオンの数が異なる化合物を，次の①～⑤のうちから一つ選べ。

① 硫酸銅(Ⅱ)　② 硝酸銀
③ 炭酸カリウム　④ 水酸化ナトリウム
⑤ 塩化アンモニウム

（2006 センター化学ⅠA 本試）

問2 M_2O_3 の形の酸化物をつくるものを，次の①～⑥のうちから一つ選べ。

① He　② Na　③ Mg　④ Al　⑤ Si　⑥ Zn

（1997 センター化学ⅠB 追試）

解答 問1 ③　問2 ④

解説 問1 ① $CuSO_4$ $Cu^{2+}:SO_4^{2-}=1:1$ で結合
② $AgNO_3$ $Ag^{+}:NO_3^{-}=1:1$ で結合
③ K_2CO_3 $K^{+}:CO_3^{2-}=2:1$ で結合
④ NaOH $Na^{+}:OH^{-}=1:1$ で結合
⑤ NH_4Cl $NH_4^{+}:Cl^{-}=1:1$ で結合

問2 ④ Al は Al^{3+} となるため，$Al^{3+}:O^{2-}=2:3$ で結合し，$\mathbf{Al_2O_3}$ となる。

EXERCISE 14 ●イオンの数と価数

次の物質が，それぞれの水溶液中で完全に電離しているときに，溶けている陰イオンのモル濃度と価数の積が最も大きいものはどれか。最も適当なものを，次の①～⑤のうちから一つ選べ。ただし，それぞれの水溶液における物質のモル濃度はすべて等しいとする。

① $KMnO_4$　② $AlCl_3$　③ NH_4NO_3　④ $FeSO_4$　⑤ $CaCl_2$

(2019 センター化学基礎 追試)

解答 ②

解説 水溶液中では次のように電離する。

① $KMnO_4 \longrightarrow K^+ + MnO_4^-$ ➡ **1** 価の陰イオンが **1** つ生成
② $AlCl_3 \longrightarrow Al^{3+} + 3Cl^-$ ➡ **1** 価の陰イオンが **3** つ生成
③ $NH_4NO_3 \longrightarrow NH_4^+ + NO_3^-$ ➡ **1** 価の陰イオンが **1** つ生成
④ $FeSO_4 \longrightarrow Fe^{2+} + SO_4^{2-}$ ➡ **2** 価の陰イオンが **1** つ生成
⑤ $CaCl_2 \longrightarrow Ca^{2+} + 2Cl^-$ ➡ **1** 価の陰イオンが **2** つ生成

1 価の陰イオンが **3** つ生成する②が，モル濃度と価数の積が最大となる。

補足1 モル濃度(➡ p.89)は溶液1L中に溶けている溶質の物質量(➡ p.79)を表す濃度である。

補足2 MnO_4^- は過マンガン酸イオンという。

SUMMARY & CHECK

- ✔原子の原子番号，質量数や陽子の数，中性子の数，電子の数が答えられるか。 ➡ POINT 1, 2, 3
- ✔原子の電子配置が答えられるか。 ➡ POINT 4
- ✔イオンの価数，化学式，名称が答えられるか。 ➡ POINT 5
- ✔イオンからなる物質の組成式が答えられるか。 ➡ POINT 6

THEME

3 元素の周期表

GUIDANCE 化学では，単体や化合物を元素記号を用いた化学式で表す。また，元素を性質ごとに分類してまとめた表が周期表である。本 THEME では，周期表の特徴や元素の分類などを確認するとともに，周期律も確認しよう。また，原子番号 1〜20 の元素記号と元素名を暗記しておこう。

POINT 1 元素の周期表 ★★★

元素を原子番号順に並べ，さらに，**性質の似た元素どうしを同じ縦の列に並べた表を元素の周期表**という。周期表の縦の列を**族**，横の行を**周期**とよび，同じ族に属する元素を**同族**元素とよぶ。また，元素には**金属**元素と**非金属**元素が存在し，金属元素の単体は金属光沢をもち熱や電気をよく導く。

	典型元素		遷移元素										典型元素					
周期＼族	1	2	3	4	5	6	7	8	9	10	11	12	13	14	15	16	17	18
1	H																	He
2	Li	Be											B	C	N	O	F	Ne
3	Na	Mg											Al	Si	P	S	Cl	Ar
4	K	Ca	Sc	Ti	V	Cr	Mn	Fe	Co	Ni	Cu	Zn	Ga	Ge	As	Se	Br	Kr
5	Rb	Sr	Y	Zr	Nb	Mo	Tc	Ru	Rh	Pd	Ag	Cd	In	Sn	Sb	Te	I	Xe

□ 金属元素
■ 非金属元素

アルカリ金属　アルカリ土類金属　ハロゲン　貴ガス

周期表(一部)

水素Hを除く1族元素を**アルカリ金属**，**2族元素**を**アルカリ土類金属**，**17族元素**を**ハロゲン**，**18族元素**を**貴ガス**という。

また，**1，2，13〜18族元素**を**典型元素**，**3〜12族元素**を**遷移元素**という。

同じ族に属する典型元素は**価電子の数が等しく，化学的性質もよく似ている**。それに対し，遷移元素は最外殻電子の数がほとんど1または2であり，隣り合う元素どうしで性質が似ている。

EXERCISE 1 ●典型元素と遷移元素

周期表の1～18族・第1～第5周期までの概略を**図1**に示した。図中の太枠で囲んだ領域**ア～ク**に関する記述として**誤りを含むもの**を，下の①～⑤のうちから一つ選べ。

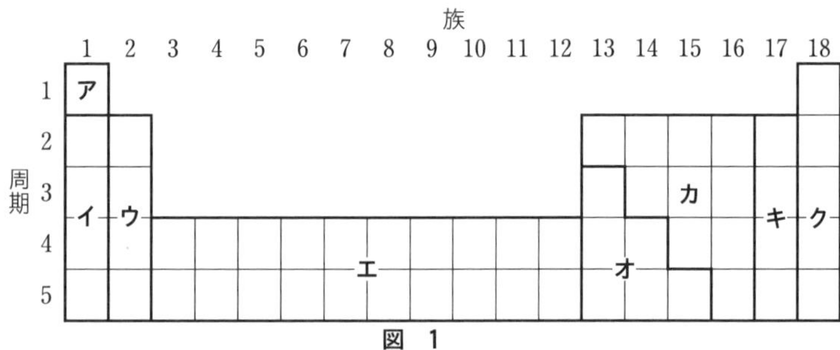

図 1

① **ア**と**イ**と**ウ**は，すべて典型元素である。

② **エ**は，すべて遷移元素である。

③ **オ**は，すべて遷移元素である。

④ **カ**は，すべて典型元素である。

⑤ **キ**と**ク**は，すべて典型元素である。　(2020 センター化学基礎 本試・改)

解答 ③

解説 遷移元素は3～12族元素であるため，**オ**は遷移元素ではなく典型元素である。

EXERCISE 2 ●元素の周期表

元素の周期表に関する記述として**誤りを含むもの**を，次の①～⑤のうちから一つ選べ。

① 2族元素の原子は，2価の陽イオンになりやすい。

② 17族元素の原子の価電子の数は，7である。

③ 18族元素は，反応性に乏しい。

④ 典型元素は，すべて非金属元素である。

⑤ 遷移元素は，すべて金属元素である。　(2013 センター化学Ⅰ 本試)

解答 ④

解説 ① 2族元素の原子は，2個の価電子をもつため，それを失うことで**2価の陽イオン**となる。正しい。

② 17族元素の原子は，**7個**の価電子をもつ。正しい。

③ 18族元素の原子は，安定な電子配置をとるため，**反応性に乏しい**。正しい。

④ 典型元素には，**非金属元素と金属元素の両方が存在**する。誤り。

⑤ 遷移元素は，**すべて金属元素**である。正しい。

EXERCISE 3 ●遷移元素

遷移元素に関する記述として正しいものを，次の①～⑤のうちから一つ選べ。

① すべての遷移元素は，周期表の11族～17族のいずれかに属する。

② 遷移元素の単体は，いずれも金属である。

③ 鉄，鉛，銅は，いずれも遷移元素である。

④ 遷移元素を含む化合物は，いずれも無色である。

⑤ いずれの遷移元素も，化合物中での酸化数は +4 以上にはならない。

(2004 センター化学ⅠB 本試)

解答 ②

解説 ① 遷移元素は，周期表の**3～12族**に属する。誤り。

② 遷移元素は**すべて金属元素**であり，その単体はすべて金属である。正しい。

③ 8族の鉄 Fe，11族の銅 Cu は遷移元素であるが，14族の鉛 Pb は**典型元素**である。誤り。

④ 遷移元素を含む化合物は，**有色のものが多い**。誤り。

⑤ 遷移元素は，化合物中で +4 以上の酸化数 (➡ p. 174) をとるものも存在する。誤り。(例 $KMnO_4$：Mn の酸化数 +7)

POINT 2 元素の周期律 ★★★

元素を原子番号順に並べていくと，右図のように**価電子の数が周期的に変化する**ため，元素のさまざまな性質も周期的に変化する。これを元素の周期律という。元素の周期律には以下のようなものがある。

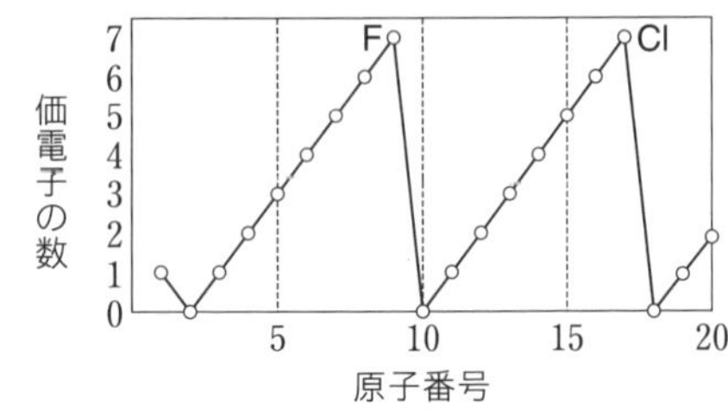

(1) イオン化エネルギー…原子から最外殻電子を1個取り去り，1価の**陽イオン**にするときに**吸収**されるエネルギー。最大の元素は **He** である。

➡イオン化エネルギーが**小さい**原子ほど**陽イオンになりやすい**。

(2) 電子親和力…原子が電子を1個受け取り，1価の**陰イオン**になるときに**放出**されるエネルギー。

➡電子親和力が**大きい**原子ほど**陰イオンになりやすい**。

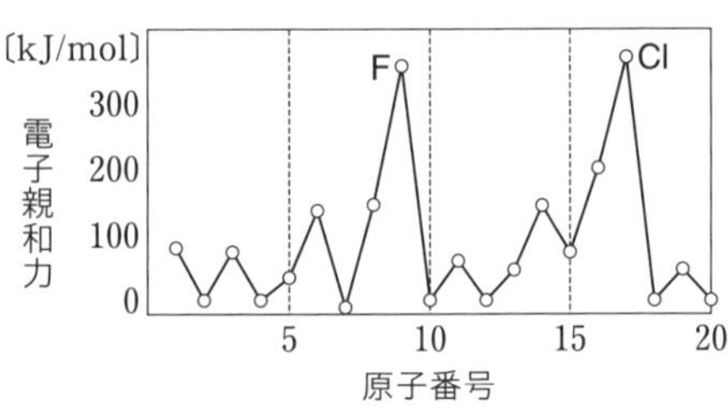

(3) 電気陰性度…原子が共有電子対を引き寄せる強さを表した数値。最大の元素は **F** である。

注 貴ガスは電気陰性度の数値が存在しない。

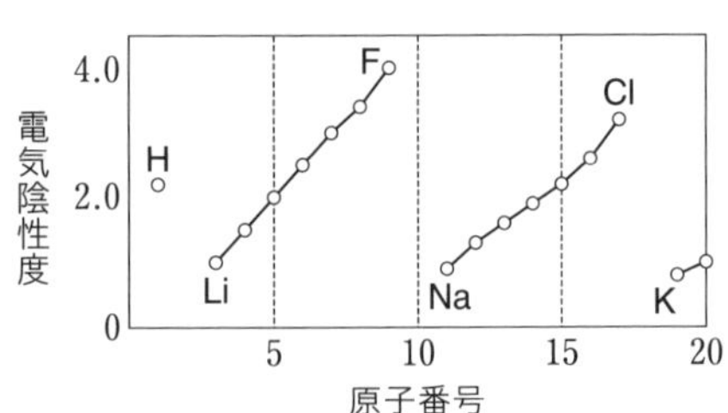

また，原子が**陽イオンになりやすい性質**を陽性，**陰イオンになりやすい性質**を陰性といい，貴ガスを除き周期表の**左下の元素ほど陽性が強く，右上の元素ほど陰性が強い**。

EXERCISE 4 ●イオン化エネルギーと電子親和力

イオンに関する記述として**誤りを含むもの**を，次の ① ～ ⑤ のうちから一つ選べ。

① 原子がイオンになるとき放出したり受け取ったりする電子の数を，イオンの価数という。

② 原子から電子を取り去って，1価の陽イオンにするのに必要なエネルギーを，イオン化エネルギー（第一イオン化エネルギー）という。

③ イオン化エネルギー（第一イオン化エネルギー）の小さい原子ほど陽イオンになりやすい。

④ 原子が電子を受け取って，1価の陰イオンになるときに放出するエネルギーを，電子親和力という。

⑤ 電子親和力の小さい原子ほど陰イオンになりやすい。

（2007 センター化学Ⅰ 本試）

解答 ⑤

解説 ① 原子がイオンになるとき放出したり受け取ったりする電子の数を，**イオンの価数**という。正しい。

② 原子から電子を取り去り1価の陽イオンにするのに必要なエネルギーを**イオン化エネルギー**という。正しい。

③ イオン化エネルギーの小さい原子ほど**陽イオンになりやすい**。正しい。

④ 原子が電子を受け取り1価の陰イオンになるときに放出するエネルギーを**電子親和力**という。正しい。

⑤ 電子親和力の**大きい**原子ほど陰イオンになりやすい。誤り。

EXERCISE 5 ●元素の周期表と元素の性質

周期表の第 2 周期と第 3 周期の黒く塗りつぶした元素に関する記述として**誤りを含むもの**を，次の ①～④ のうちから一つ選べ。

① 同一周期内で原子の電子親和力が最も大きい（陰性が最も強い）。

族 / 周期	1	2	3～12	13	14	15	16	17	18
2								■	
3								■	

② 同一周期内で原子のイオン化エネルギーが最も小さい。

族 / 周期	1	2	3～12	13	14	15	16	17	18
2	■								
3	■								

③ 原子が価電子を 4 個もつ。

族 / 周期	1	2	3～12	13	14	15	16	17	18
2					■				
3					■				

④ 非金属元素である。

族 / 周期	1	2	3～12	13	14	15	16	17	18
2				■					
3				■					

（2022 共通テスト化学基礎 追試）

解答 ④

解説 ① 同一周期内で原子の電子親和力が最も大きいのは，**最も陰イオンになりやすいハロゲン（17 族元素）**である。正しい。

② 同一周期内で原子のイオン化エネルギーが最も小さいのは，**最も陽イオンになりやすいアルカリ金属（H を除く 1 族元素）**である。正しい。

③ 原子が価電子を 4 個もつのは，**最外殻電子を 4 個**もつ **14 族元素**である。正しい。

④ 13 族，第 2 周期に位置するホウ素 **B** は**非金属元素**であるが，第 3 周期に位置するアルミニウム **Al** は**金属元素**である。誤り。

EXERCISE 6 ●元素，原子の性質

元素および原子の性質に関する記述として**誤りを含むもの**を，次の①～④のうちから一つ選べ。

① イオン化エネルギーが大きい原子ほど，陽イオンになりやすい。

② 周期表の第2周期の元素の電気陰性度は，貴ガスを除き，右側のものほど大きい。

③ ハロゲンの原子は，1価の陰イオンになりやすい。

④ 遷移元素では，周期表で左右に隣り合う元素どうしの化学的性質が似ていることが多い。

(2019 センター化学基礎 本試)

解答 ①

解説 ① イオン化エネルギーが**小さい**原子ほど，陽イオンになりやすい。誤り。

② 第2周期の元素の電気陰性度は，貴ガスを除き右側のものほど大きい。正しい。

③ ハロゲンは17族元素で，その原子は価電子を7個もつため，1個の電子を受け取り**1価の陰イオン**になりやすい。正しい。

④ 遷移元素では，周期表で**隣り合う元素どうしの化学的性質が似ている**。正しい。

SUMMARY & CHECK

- ✔原子番号1～20の元素記号が答えられるか。➡ POINT 1
- ✔典型元素と遷移元素，非金属元素と金属元素の境目を覚えているか。➡ POINT 1
- ✔元素のグループ名を覚えているか。➡ POINT 1
- ✔元素の周期律の内容，傾向が説明できるか。➡ POINT 2

THEME 4 化学結合

GUIDANCE 物質は，その最小単位である原子が結びついてできている。原子どうしは，どのような力で結合しているのだろうか。本 THEME では化学結合の種類や特徴，結晶の分類や性質について確認しよう。

POINT 1 イオン結合とイオン結晶 ★★★

陽イオンと陰イオンが**静電気的な引力**（**クーロン力**）で結びつく結合を**イオン結合**といい，陽イオンと陰イオンがイオン結合で規則正しく配列した結晶を**イオン結晶**という。NaCl や MgO のように，**陽イオンになりやすい金属元素と陰イオンになりやすい非金属元素からなる物質はイオン結晶**となる。

イオン結晶は，融点が高いが，硬くてもろく，力を加えると割れやすい。また，**固体の状態では電気を通さないが，水溶液や融解液にすると電気を通す**。

注 非金属元素のみからなるアンモニウム塩（NH_4Cl や $(NH_4)_2SO_4$ など）はイオン結晶である。

EXERCISE 1 ●イオン結晶

イオン結晶の性質の記述として**誤りを含むもの**を，次の ① ～ ⑤ のうちから一つ選べ。

① 融点の高いものが多い。
② 電気をよく通す。
③ 硬いが，割れやすくもろい。
④ 結晶中では，陽イオンと陰イオンが規則正しく並んでいる。
⑤ 水に溶かすと，陽イオンと陰イオンに電離する。

（2016 センター化学基礎 追試）

解答 ②

解説 ① イオン結合は強いため，イオン結晶は**融点の高い**ものが多い。正しい。
② イオン結晶は固体の状態では**電気を通さない**。誤り。
③ イオン結晶は硬いが，衝撃を加えると同種のイオン間に反発力が生じるため，**割れやすい**。正しい。
④ イオン結晶は，陽イオンと陰イオンが規則正しく並んでいる。正しい。
⑤ イオン結晶は水に溶けると陽イオンと陰イオンに**電離**する。正しい。

例 $NaCl \longrightarrow Na^+ + Cl^-$

POINT 2 金属結合と金属結晶 ★★

金属元素の原子は，価電子を失うことで陽イオンになりやすい。金属の単体では，この**価電子が特定の原子にとどまらず，自由に動き回る**。このような電子を**自由電子**といい，自由電子による金属原子間の結合を**金属結合**という。また，金属結合によって生じる結晶を**金属結晶**という。

金属結晶は自由電子が存在するため，**金属光沢**や**電気伝導性**・**熱伝導性**をもつ。また，**展性**や**延性**をもつため，**薄く広げたり長く引き延ばしたり**することができる。

EXERCISE 2 ●金属結晶

金属の一般的性質に関する記述**ア**～**ウ**について，正誤の組合せとして正しいものを，下の①～⑧のうちから一つ選べ。

ア 金属は酸に溶けると，電子を失って陽イオンになりやすい。
イ 金属は光沢をもち，熱をよく伝える。
ウ 金属の両端に電圧をかけると，電子が金属内を移動する。

	ア	イ	ウ
①	正	正	正
②	正	正	誤
③	正	誤	正
④	正	誤	誤
⑤	誤	正	正
⑥	誤	正	誤
⑦	誤	誤	正
⑧	誤	誤	誤

(1999 センター化学ＩＡ 本試)

解答 ①

解説 **ア** 金属は酸に溶けると，電子を失い陽イオンとなる。正しい。

例 $Mg \longrightarrow Mg^{2+} + 2e^-$

イ 金属は金属光沢，熱伝導性をもつ。正しい。
ウ 金属は，電圧をかけると自由電子が移動するため，電気伝導性をもつ。正しい。

POINT 3 共有結合と分子 ★★★

非金属元素の原子どうしが結合するときは，**価電子を互いに共有し，それぞれの原子は安定な貴ガスの電子配置になり**，分子を形成する。このような結合を共有結合という。例えば，価電子が１個の水素原子Ｈと，価電子が７個のフッ素原子Ｆが結合するとき，水素原子とフッ素原子が不対電子を共有して結合し，ＨはＨｅと，ＦはＮｅと同じ安定な電子配置となる。

原子間で共有されている電子対を共有電子対，共有されていない電子対を非共有電子対という。

EXERCISE 3 ●共有電子対と非共有電子対

問１ 共有結合に使われている電子の総数が最も多い分子を，次の①～④のうちから一つ選べ。

① NH_3　② HCN　③ CH_3OH　④ C_2H_4

（2020 センター化学基礎 追試）

問２ 共有電子対と非共有電子対の数が等しい分子として最も適当なものを，次の①～⑤のうちから一つ選べ。

① N_2　② Cl_2　③ HF　④ H_2S　⑤ NH_3

（2004 センター化学ⅠＢ 本試）

解答 **問１** ④　**問２** ④

解説 **問１** 原子ごとに原子価（つくることのできる結合の本数）が決まっている。

	H	C	N	O	F，Cl
価電子数	1	4	5	6	7
原子価	2−1=1	8−4=4	8−5=3	8−6=2	8−7=1

原子価を考慮すると，それぞれの分子の構造式は以下のようになる。

① H−N(−H)−H　アンモニア
② H−C≡N　シアン化水素
③ H−C(H)(H)−O−H　メタノール
④ H_2C=CH_2　エチレン

結合の本数が多いほど結合に使われた電子の総数が多いため，共有結合に使われている電子の総数が最も多いのは結合の本数が最も多い④である。

問2　各分子の電子式と，共有電子対および非共有電子対の数は以下の通り。

	電子式	共有電子対	非共有電子対
①	·N· ＋ ·N· ⟶ :N⋮⋮N:	3	2
②	:Cl· ＋ ·Cl: ⟶ :Cl:Cl:	1	6
③	H· ＋ ·F: ⟶ H:F:	1	3
④	2H· ＋ ·S· ⟶ H:S:H	2	2
⑤	3H· ＋ ·N· ⟶ H:N:H（上にH）	3	1

よって，共有電子対と非共有電子対の数が等しいのは **④** の H_2S である。

POINT 4 配位結合 ★★

分子やイオンを構成する原子の**非共有電子対を，他の分子やイオンに提供してつくる共有結合**を配位結合という。例えば，水分子 H_2O が酸素原子のもつ非共有電子対を水素イオンに提供することで配位結合すると，**オキソニウムイオン H_3O^+** となる。オキソニウムイオン H_3O^+ の**3本のO-H結合は区別することができない**。

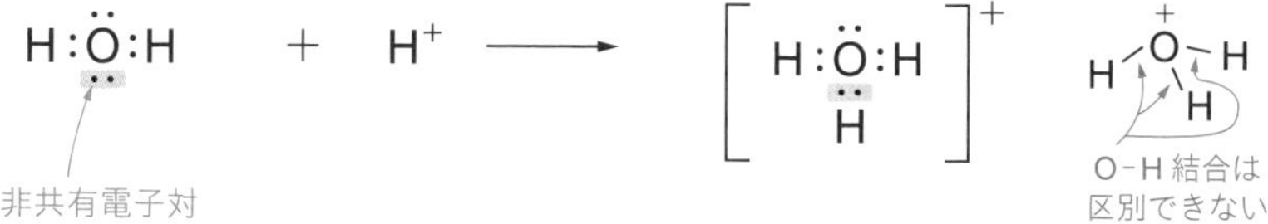

金属イオン（Cu^{2+}，Ag^+ など）に，非共有電子対をもつ分子や陰イオン（H_2O，NH_3，OH^- など）が配位結合してできたイオンを**錯イオン**といい，配位結合している分子や陰イオンを**配位子**という。

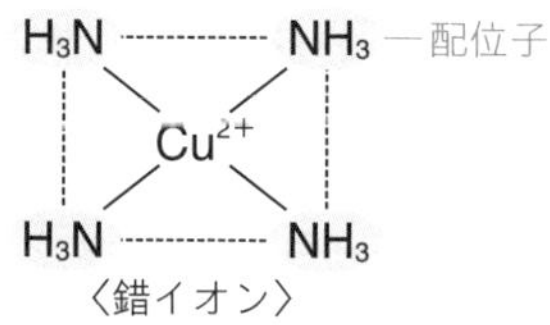

〈錯イオン〉

EXERCISE 4 ●配位結合

配位結合に関する次の記述（Ⅰ～Ⅲ）について，正誤の組合せとして最も適当なものを，下の①～⑧のうちから一つ選べ。

Ⅰ　アンモニアと水素イオン H^+ が配位結合をつくると，アンモニウムイオンが形成される。

Ⅱ　アンモニウムイオンの四つの N–H 結合は，すべて同等で，どれが配位結合であるかは区別できない。

Ⅲ　アンモニウムイオンは非共有電子対をもたないので，金属イオンと配位結合をつくらない。

	Ⅰ	Ⅱ	Ⅲ
①	正	正	正
②	正	正	誤
③	正	誤	正
④	正	誤	誤
⑤	誤	正	正
⑥	誤	正	誤
⑦	誤	誤	正
⑧	誤	誤	誤

（2021 共通テスト化学基礎　第 2 日程）

解答　①

解説　Ⅰ　アンモニア NH_3 の非共有電子対を水素イオン H^+ に提供して**配位結合**すると，アンモニウムイオン NH_4^+ となる。正しい。

$$\mathrm{H\!:\!\overset{H}{\underset{\cdot\cdot}{\ddot{N}}}\!:\!H} \quad + \quad \mathrm{H^+} \longrightarrow \left[\mathrm{H\!:\!\overset{H}{\underset{H}{\ddot{\underset{\cdot\cdot}{N}}}}\!:\!H}\right]^+$$

Ⅱ　アンモニウムイオン NH_4^+ の 4 本の N–H 結合は**区別できない**。正しい。

Ⅲ　アンモニウムイオン NH_4^+ は**非共有電子対をもたない**ため，配位結合することができない。正しい。

POINT 5 分子の形 ★★

分子の立体構造は，中心原子に存在する電子対どうしの反発によって決まる。有名な分子の形は覚えておこう。

	メタン	アンモニア	水	二酸化炭素
化学式	CH_4	NH_3	H_2O	CO_2
構造式	H | H−C−H | H	H | H−N−H	H−O−H	O=C=O
電子式	H ¨ H:C:H ¨ H	H ¨ H:N:H ¨	¨ H:O:H ¨	¨　　¨ O::C::O ¨　　¨
分子の形	H | H╱C─H ╲H 正四面体形	N H╱ | ╲H H 三角錐(すい)形	O H╱ ╲H 折れ線形	O=C=O 直線形

EXERCISE 5 ●分子の形

分子の形についての記述として**誤りを含むもの**を，次の①～④のうちから一つ選べ。

① 二酸化炭素分子は直線形である。
② メタン分子は正四面体形である。
③ アンモニア分子は平面形（平面構造）である。
④ 水分子は折れ線形である。

（2010 センター化学Ⅰ 追試）

解答 ③

解説 ① 二酸化炭素 CO_2 分子は**直線形**である。正しい。
② メタン CH_4 分子は**正四面体形**である。正しい。
③ アンモニア NH_3 分子は**三角錐形**である。誤り。
④ 水 H_2O 分子は**折れ線形**である。正しい。

EXERCISE 6 ●オキソニウムイオン

オキソニウムイオン H_3O^+ に関する記述として**誤りを含むもの**はどれか。最も適当なものを，次の ①～④ のうちから一つ選べ。

① イオン1個がもつ電子の数は11個である。
② 非共有電子対を1組もつ。
③ HとOの間の結合はいずれも共有結合である。
④ 三角錐（すい）形の構造をとる。

（2022 共通テスト化学基礎 本試）

解答 ①

解説 ① H_3O^+ 1個のもつ電子の数は，

1（Hの原子番号）×3（Hの数）＋8（Oの原子番号）−1（1価の陽イオン）＝**10個** である。誤り。

非共有電子対

$$\left[\mathrm{H:\overset{\cdot\cdot}{O}:H} \atop \mathrm{\underset{}{\overset{\cdot\cdot}{H}}}\right]^+$$

② H_3O^+ は非共有電子対を**1組**もつ（右図）。正しい。

③ 配位結合は共有結合と同様に**電子対の共有でつくられる結合である**ため，H_3O^+ のもつ O-H 結合はすべて共有結合ということができる。正しい。

④ H_3O^+ はアンモニア NH_3 と同様の電子式で表されるため，構造も同じ**三角錐形**である。正しい。

POINT 6 極性分子と無極性分子 ★★

電気陰性度の異なる原子が結合すると，**共有電子対が電気陰性度の大きい原子に引き寄せ**られ，電荷の偏りが生じる。これを，結合に極性があるという。例えば，塩化水素分子 HCl は，H–Cl 間の共有電子対が**電気陰性度の大きい塩素原子に引き寄せられる**（右上図）ため，塩素原子 Cl は**負**に帯電（$\delta-$），水素原子 H は**正**に帯電（$\delta+$）している。

$\overset{\delta+}{\mathrm{H}} \longrightarrow \overset{\delta-}{\mathrm{Cl}}$

分子全体として電荷の偏りをもつ分子を極性分子，**分子全体として電荷の偏りをもたない分子**を無極性分子という。折れ線形の水分子 H_2O は，O–H 間の**極性が分子全体として打ち消されない**ため，極性分子となる。それに対し，直線形の二酸化炭素分子 CO_2 は，**C=O 間の極性が分子全体として打ち消される**ため，無極性分子となる。また，水素分子 H_2 のように結合に極性が生じない分子も無極性分子となる。

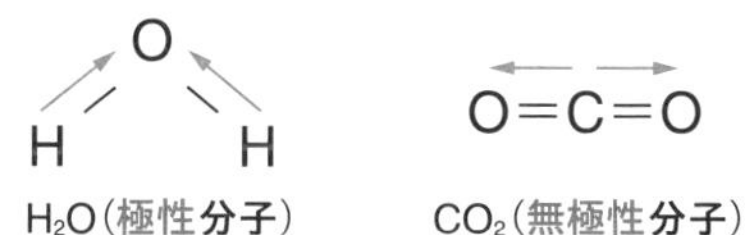

H_2O（極性分子）　　CO_2（無極性分子）

極性分子の例　HCl（直線形），H_2O（折れ線形），NH_3（三角錐形）　など

無極性分子の例　H_2（直線形），CO_2（直線形），CH_4（正四面体形）　など

EXERCISE 7 ●分子の極性

分子全体として**極性がない**分子を，次の ①～⑤ のうちから二つ選べ。ただし，解答の順序は問わない。

① 水 H_2O　② 二酸化炭素 CO_2　③ アンモニア NH_3
④ エタノール C_2H_5OH　⑤ メタン CH_4

（2020 センター化学基礎 本試）

解答 ②，⑤

解説 ②，⑤ 直線形の CO_2 と正四面体形の CH_4 が**無極性分子**である。

①，③ 折れ線形の H_2O と三角錐形の NH_3 は**極性分子**である。

④ エタノール C_2H_5OH は，水 H_2O の 1 つの H が C_2H_5 に置き換わった分子であり，極性をもつ O–H が存在するため，**極性分子**である。

POINT 7 分子結晶 

多数の分子が，**分子どうしにはたらく弱い引力（分子間力）で集まり，規則正しく配列した固体**を**分子結晶**という。例えば，二酸化炭素 CO_2 の固体である**ドライアイス**や，**ヨウ素 I_2** の固体は分子結晶である。分子結晶は分子間にはたらく引力がとても弱いため，**やわらかくて融点が低く，昇華性をもつものがある**。

EXERCISE 8 ●分子結晶

分子結晶に関する記述として**誤りを含むもの**を，次の①～⑥のうちから一つ選べ。

① 分子が規則正しく配列してできた固体である。
② 通常，イオン結晶と比べて融点が低い。
③ 昇華するものがある。
④ 分子結晶をつくる主要な力は，分子間力である。
⑤ 電気伝導性を示さないものが多い。
⑥ 極性分子は分子結晶にならない。　（2017 センター化学基礎 追試）

解答 ⑥

解説 ①，④ 分子結晶は，分子が分子間力で規則正しく配列した固体である。いずれも正しい。

② 分子結晶は，分子間力がとても弱いため，イオン結晶に比べると**融点が低い**。正しい。

③ 分子結晶にはドライアイスのように，**昇華する**ものがある。正しい。

⑤ 分子結晶は，**電気伝導性を示さないものが多い**。正しい。

⑥ 分子からなる物質はすべて分子結晶となるため，**極性分子であっても分子結晶をつくる**。誤り。（**例** 氷は水分子（極性分子）からなる分子結晶である。）

POINT 8 共有結合の結晶 ★★★

多数の原子が共有結合で結びつき規則正しく配列した固体を共有結合の結晶という。
例えば，多数の炭素原子からなるダイヤモンドや，二酸化ケイ素 SiO_2（石英，水晶）が共有結合の結晶である。
共有結合の結晶は，原子間にはたらく共有結合がとても強いため，**極めて硬く**，**融点も非常に高い**。

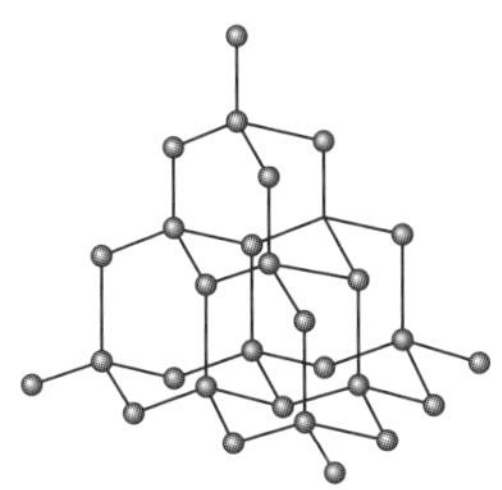

ダイヤモンドの構造

ダイヤモンドの同素体である黒鉛は特徴的な構造をしている。黒鉛は，**多数の炭素原子が正六角形網目状の層状構造をつくり，その層どうしがとても弱い引力で積み重なっている**構造をしているため，**やわらかく，はがれやすい**性質をもつ。
また，それぞれの炭素原子が，4 個の価電子のうち 3 個だけを結合に用い，**結合に使われていない電子 1 個が層上を移動することができる**ため，電気伝導性をもつ。これは同素体であるダイヤモンドとは大きく異なる黒鉛の性質である。

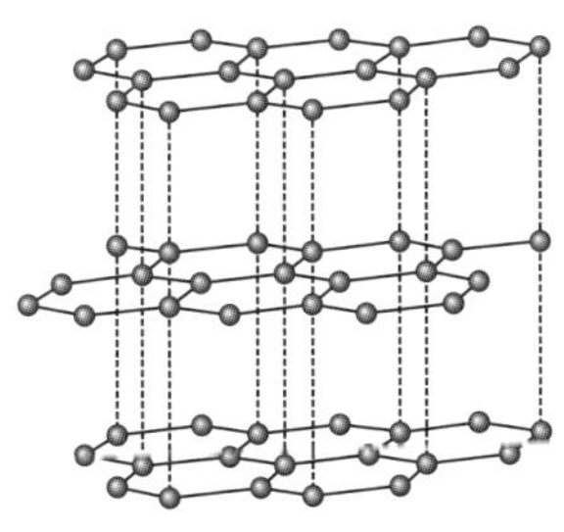

黒鉛の構造

EXERCISE 9 ●炭素の同素体

炭素の同素体に関する記述として，下線部に**誤りを含むもの**を，次の①～④のうちから一つ選べ。

① ダイヤモンドは，炭素原子間の結合による正八面体形の構造が繰り返された立体構造をとる。

② フラーレンは，炭素の同素体の一つである。

③ 黒鉛は，それぞれの炭素原子が隣接する3個の炭素原子と結合して，正六角形の構造が繰り返された平面構造をつくり，それが層状に重なった構造をとる。

④ 炭素の同素体には，電気をよく通すものがある。

(2020 センター化学基礎 追試)

解答 ①

解説 ① ダイヤモンドは，炭素原子からなる**正四面体形の構造**が繰り返された立体構造をとる。誤り。

② **フラーレン**は，サッカーボール状の構造をもつ炭素の同素体の一つである。正しい。

③ 黒鉛は，炭素原子が**正六角形の構造が繰り返された平面構造**をつくり，それが層状に積み重なった構造をとる。正しい。

④ 炭素の同素体である黒鉛は，**電気をよく通す**。正しい。

POINT 9 結晶の分類 ★★★

結晶の分類・性質をまとめると以下の通りとなる。

	共有結合の結晶	イオン結晶	金属結晶	分子結晶
構成粒子	非金属元素の原子	陽イオン, 陰イオン	金属元素の原子 (自由電子を含む)	分子
結合	共有結合	イオン結合	金属結合	分子間力
硬さ	**とても硬い**	硬いが**もろい**	展性・延性あり	**やわらかい**
融点	**とても高い**	高い	さまざま	**低い**
電気伝導性	なし (例外 黒鉛はあり)	**固体はなし。** **水溶液・融解液**はあり	**あり**	なし
例	ダイヤモンド(C) ケイ素(Si) 二酸化ケイ素(SiO_2)	**金属+非金属** 例 NaCl, MgO NH_4Cl(例外)	**金属** 例 Al, Cu	ドライアイス(CO_2) ヨウ素(I_2) ナフタレン
化学式	組成式	組成式	組成式	分子式

EXERCISE 10 ●結晶中の結合

次の物質**ア**～**オ**のうち，その結晶内に共有結合があるものはどれか。すべてを正しく選択しているものとして最も適当なものを，下の①～⑥のうちから一つ選べ。

ア 塩化ナトリウム　**イ** ケイ素　**ウ** カリウム
エ ヨウ素　**オ** 酢酸ナトリウム

① **ア，オ**　② **イ，ウ**　③ **イ，エ**
④ **ア，エ，オ**　⑤ **イ，ウ，エ**　⑥ **イ，エ，オ**

(2021 共通テスト化学基礎 第2日程)

解答 ⑥

解説 **非金属元素の原子間に生じる結合**が共有結合である。

ア 塩化ナトリウム NaCl は Na^+ と Cl^- の間の**イオン結合のみ**からなる**イオン結晶**である。

イ ケイ素 Si は多数のケイ素原子が共有結合で結びついた**共有結合の結晶**である。

ウ カリウム K は**金属結合のみ**からなる**金属結晶**である。

エ　ヨウ素 I_2 は**2つのヨウ素原子が共有結合**してヨウ素分子 I_2 となり，多数のヨウ素分子が弱い引力（分子間力）で結びついた**分子結晶**である。

オ　酢酸ナトリウム CH_3COONa は酢酸イオン CH_3COO^- と Na^+ からなる**イオン結晶**であるが，酢酸イオン CH_3COO^- の炭素原子Cと水素原子Hや酸素原子Oは**共有結合**で結びついている。

よって，結晶内に共有結合があるのは，**イ**，**エ**，**オ**である。

EXERCISE 11 ●結晶の電気伝導性

結晶の電気伝導性に関する次の文章中の［ア］～［ウ］に当てはまる語句の組合せとして最も適当なものを，下の①～⑥のうちから一つ選べ。

結晶の電気伝導性には，結晶内で自由に動くことのできる電子が重要な役割を果たす。たとえば，［ア］結晶は自由電子をもち電気をよく通すが，ナフタレンの結晶のような［イ］結晶は，一般に自由電子をもたず電気を通さない。また，［ウ］結晶は電気を通さないものが多いが，［ウ］結晶の一つである黒鉛は，炭素原子がつくる網目状の平面構造の中を自由に動く電子があるために電気をよく通す。

	ア	イ	ウ
①	共有結合の	金　属	分　子
②	共有結合の	分　子	金　属
③	分　子	金　属	共有結合の
④	分　子	共有結合の	金　属
⑤	金　属	分　子	共有結合の
⑥	金　属	共有結合の	分　子

（2021 共通テスト化学基礎 第1日程）

解答　⑤

解説　**金属結晶**は自由電子をもつため電気をよく通す。

ナフタレン $C_{10}H_8$ のような**分子結晶**は，一般に自由電子をもたないため電気を通さない。

共有結合の結晶の1つである黒鉛は，**炭素原子のもつ価電子のうち1つが結合に使われていない**ため，炭素原子がつくる網目状の平面構造中を自由に動くことのできる電子があり，電気をよく通す。

EXERCISE 12 ●結晶の性質

固体の性質に関する記述として**誤りを含むもの**を，次の①～④のうちから一つ選べ。

① 金属は，たたいて薄く広げることや，引っ張って長く延ばすことができるものが多い。
② 共有結合の結晶（共有結合結晶）は，水に溶けにくいものが多い。
③ イオン結晶は，固体の状態でも電気をよく通すものが多い。
④ 分子結晶は，イオン結晶や共有結合の結晶と比べてやわらかいものが多い。

（2020 センター化学基礎 追試）

解答 ③

解説 ① 金属は**展性**（薄く広げる性質）や**延性**（長く延ばす性質）がある。正しい。
② 共有結合の結晶は**水に溶けにくいものが多い**。正しい。
③ イオン結晶は，**固体の状態ではイオンが移動できないため，電気を通さない**。誤り。
④ 分子結晶は，分子間力がとても弱いため，イオン結晶や共有結合の結晶に比べ**やわらかいものが多い**。正しい。

EXERCISE 13 ●結晶の推定

物質A～Cは，塩化カルシウム，グルコース（ブドウ糖），二酸化ケイ素のいずれかである。物質A～Cについて次の**実験Ⅰ・Ⅱ**を行った。実験の結果から考えられる物質A～Cの組合せとして最も適当なものを，後の①～⑥のうちから一つ選べ。

実験Ⅰ 同じ質量の物質A～Cを別々のビーカーに入れ，それぞれのビーカーに同じ量の純水を加えてよくかき混ぜたところ，物質Aは溶けなかったが，物質BとCは完全に溶けた。

実験Ⅱ 実験Ⅰで得られた物質BとCの水溶液の電気伝導性を調べたところ，物質Cの水溶液のみ電気をよく通した。

	物質A	物質B	物質C
①	塩化カルシウム	グルコース	二酸化ケイ素
②	塩化カルシウム	二酸化ケイ素	グルコース
③	グルコース	塩化カルシウム	二酸化ケイ素
④	グルコース	二酸化ケイ素	塩化カルシウム
⑤	二酸化ケイ素	塩化カルシウム	グルコース
⑥	二酸化ケイ素	グルコース	塩化カルシウム

(2018 センター化学基礎 追試)

解答 ⑥

解説 一般に，多数の原子が強い共有結合で結合した共有結合の結晶は水に溶けない。**実験Ⅰ**より，水に溶けない物質Aは**二酸化ケイ素 SiO_2** であると決まる。

イオン結晶は固体では電気を通さないが，水溶液にすると電気を通す。**実験Ⅱ**より，水溶液が電気を通す物質Cは**塩化カルシウム $CaCl_2$** であると決まる。

以上より，物質Bは**グルコース $C_6H_{12}O_6$** と決まる。

SUMMARY & CHECK

- ✔化学結合の名称とその特徴を覚えているか。 ➡ POINT 1, 2, 3, 4
- ✔分子の形と極性の有無を答えられるか。 ➡ POINT 5, 6
- ✔結晶の分類，性質を覚えているか。 ➡ POINT 1, 2, 7, 8, 9

チャレンジテスト（大学入学共通テスト実戦演習）1

→解答は別冊 p. 1

1 エタノール C_2H_5OH は世界で年間およそ1億キロリットル生産されており，その多くはアルコール発酵を利用している。アルコール発酵で得られる溶液のエタノール濃度は低く，高濃度のエタノール水溶液を得るには蒸留が必要である。エタノールの性質と蒸留に関する，次の問い（**問1～3**）に答えよ。

問1 エタノールに関する記述として**誤りを含むもの**はどれか。最も適当なものを，次の①～④のうちから一つ選べ。

① 水溶液は塩基性を示す。
② 固体の密度は液体より大きい。
③ 完全燃焼すると，二酸化炭素と水が生じる。
④ 燃料や飲料，消毒薬に用いられる。

問2 文献によると，圧力 1.013×10^5 Pa で 20℃ のエタノール 100 g および水 100 g を，単位時間あたりに加える熱量を同じにして加熱すると，それぞれの液体の温度は**図1**の実線 **a** および **b** のように変化する。t_1，t_2 は残ったエタノールおよび水がそれぞれ 50 g になる時間である。一方，ある濃度のエタノール水溶液 100 g を同じ条件で加熱すると，純粋なエタノールや水と異なり，水溶液の温度は**図1**の破線 **c** のように沸騰が始まったあとも少しずつ上昇する。この理由は，加熱により水溶液のエタノール濃度が変化するためと考えられる。**図1**の実線 **a**，**b** および破線 **c** に関する記述として下線部に**誤りを含むもの**はどれか。最も適当なものを，後の①～④のうちから一つ選べ。

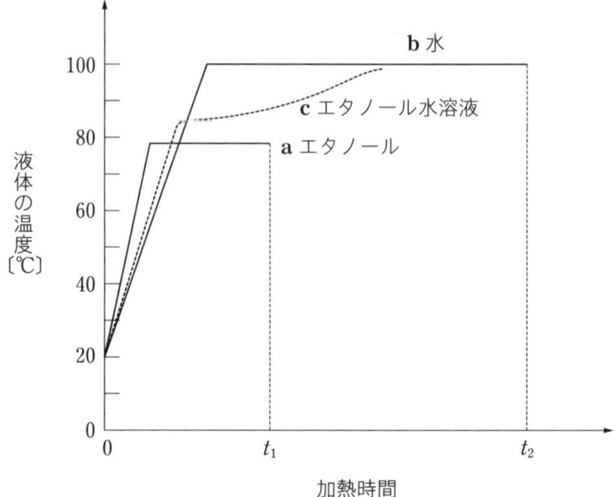

図1　エタノール(実線 **a**)と水(実線 **b**), ある濃度のエタノール水溶液(破線 **c**)の加熱による温度変化

① エタノールおよび水の温度を 20 °C から 40 °C へ上昇させるために必要な熱量は，水の方がエタノールよりも大きい。

② エタノール水溶液を加熱していったとき，時間 t_1 においてエタノールは水溶液中に残存している。

③ 純物質の沸点は物質量に依存しないので，水もエタノールも，沸騰開始後に加熱を続けて液体を蒸発させても液体の温度は変わらない。

④ エタノール 50 g が水 50 g より短時間で蒸発することから，1 g の液体を蒸発させるのに必要な熱量は，エタノールの方が水より大きいことがわかる。

問3 エタノール水溶液(原液)を蒸留すると，蒸発した気体を液体として回収した水溶液(蒸留液)と，蒸発せずに残った水溶液(残留液)が得られる。このとき，蒸留液のエタノール濃度が，原液のエタノール濃度によってどのように変化するかを調べるために，次の**操作Ⅰ〜Ⅲ**を行った。

操作Ⅰ 試料として，質量パーセント濃度が10%から90%までの9種類のエタノール水溶液(原液A〜I)をつくった。

操作Ⅱ 蒸留装置を用いて，原液A〜Iをそれぞれ加熱し，蒸発した気体をすべて回収して，原液の質量の $\frac{1}{10}$ の蒸留液と $\frac{9}{10}$ の残留液を得た。

原液 —加熱→ 蒸留液 ＋ 残留液

操作Ⅲ 得られた蒸留液のエタノール濃度を測定した。

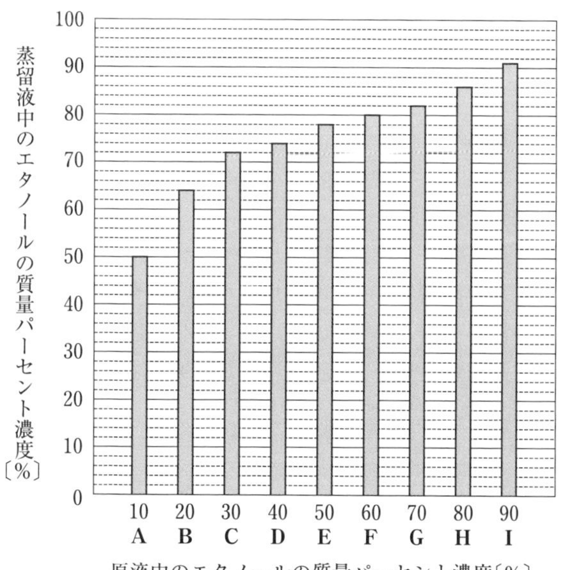

図2 原液A〜I中のエタノールの質量パーセント濃度と蒸留液中のエタノールの質量パーセント濃度の関係

図2に原液A～Iを用いたときの蒸留液中のエタノールの質量パーセント濃度を示す。**図2**より，たとえば質量パーセント濃度10％のエタノール水溶液（原液A）に対して**操作Ⅱ・Ⅲ**を行うと，蒸留液中のエタノールの質量パーセント濃度は50％と高くなることがわかる。次の問い（**a**～**c**）に答えよ。

a **操作Ⅰ**で，原液Aをつくる手順として最も適当なものを，次の①～④のうちから一つ選べ。ただし，エタノールと水の密度はそれぞれ 0.79 g/cm^3，1.00 g/cm^3 とする。

① エタノール 100 g をビーカーに入れ，水 900 g を加える。
② エタノール 100 g をビーカーに入れ，水 1000 g を加える。
③ エタノール 100 mL をビーカーに入れ，水 900 mL を加える。
④ エタノール 100 mL をビーカーに入れ，水 1000 mL を加える。

b 原液Aに対して**操作Ⅱ・Ⅲ**を行ったとき，残留液中のエタノールの質量パーセント濃度は何％か。最も適当な数値を，次の①～⑤のうちから一つ選べ。

① 4.4　② 5.0　③ 5.6　④ 6.7　⑤ 10

c 蒸留を繰り返すと，より高濃度のエタノール水溶液が得られる。そこで，**操作Ⅱ**で原液Aを蒸留して得られた蒸留液1を再び原液とし，**操作Ⅱ**と同様にして蒸留液2を得た。蒸留液2のエタノールの質量パーセント濃度は何％か。最も適当な数値を，後の①～⑤のうちから一つ選べ。

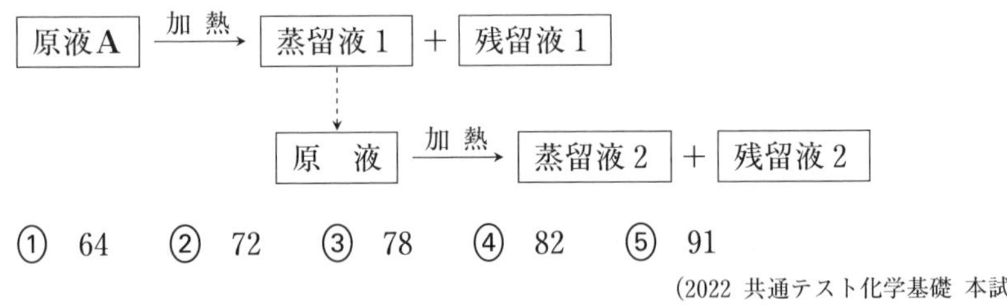

① 64　② 72　③ 78　④ 82　⑤ 91

（2022 共通テスト化学基礎 本試）

2

図1は原子番号が1から19の各元素について，天然の同位体存在比が最も大きい同位体の原子番号と，その原子の陽子・中性子・価電子の数の関係を示す。次ページの問い（**a**・**b**）に答えよ。

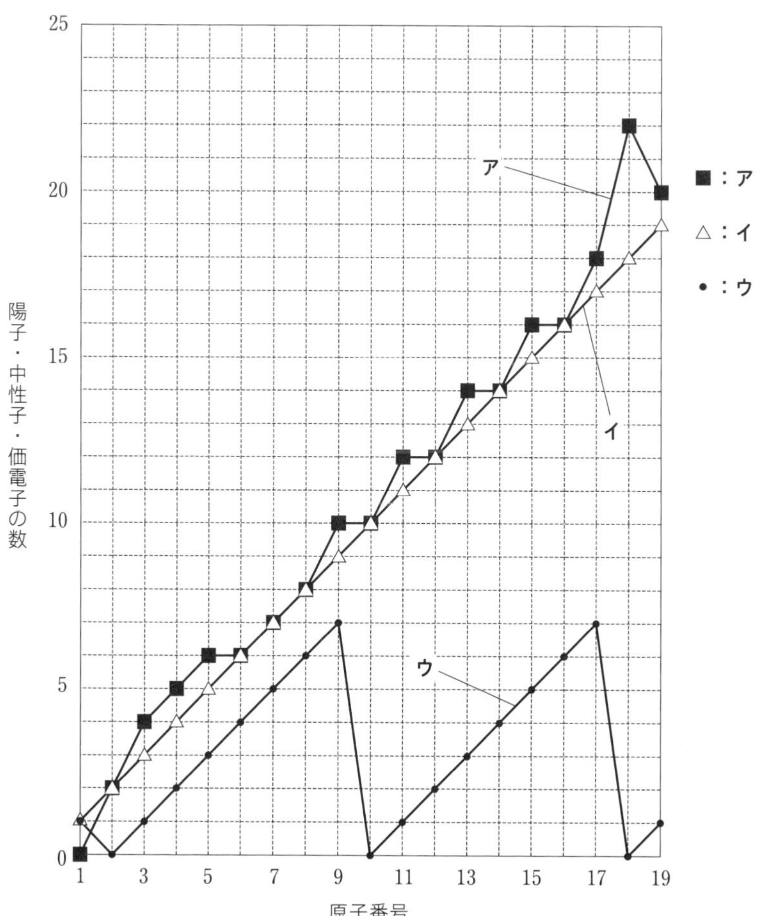

図1　原子番号と，その原子の陽子・中性子・価電子の数の関係

a　**図1**の**ア**～**ウ**に対応する語の組合せとして正しいものを，次の①～⑥のうちから一つ選べ。

	ア	イ	ウ
①	陽　子	中性子	価電子
②	陽　子	価電子	中性子
③	中性子	陽　子	価電子
④	中性子	価電子	陽　子
⑤	価電子	陽　子	中性子
⑥	価電子	中性子	陽　子

b　**図1**に示した原子の中で，質量数が最も大きい原子の質量数はいくつか。また，M殻に電子がなく原子番号が最も大きい原子の原子番号はいくつか。質量数および原子番号を2桁の数値で表すとき，[1]～[4]に当てはまる数字を，下の①～⓪のうちからそれぞれ一つずつ選べ。ただし，質量数や原子番号が1桁の場合には，[1]あるいは[3]に⓪を選べ。また，同じものを繰り返し選んでもよい。

質量数が最も大きい原子の質量数 [1][2]

M殻に電子がなく原子番号が最も大きい原子の原子番号 [3][4]

①　1　②　2　③　3　④　4　⑤　5
⑥　6　⑦　7　⑧　8　⑨　9　⓪　0

(2021 共通テスト化学基礎 第1日程)

3 　**図1**の**ア**〜**オ**は，原子あるいはイオンの電子配置の模式図である。下の問い（**a**・**b**）に答えよ。

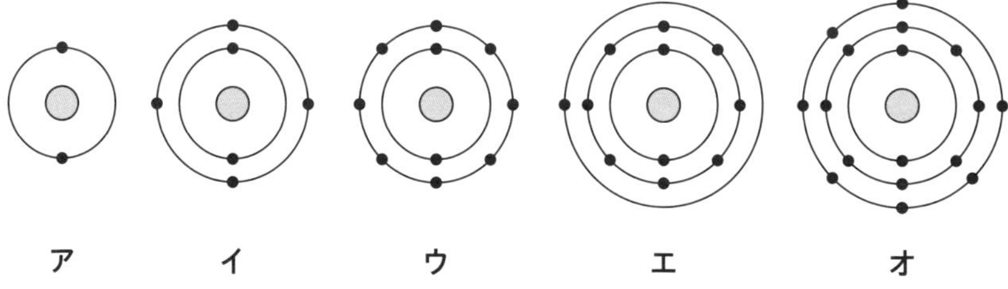

図1　原子あるいはイオンの電子配置の模式図（◯は原子核，●は電子）

a　**ア**の電子配置をもつ1価の陽イオンと，**ウ**の電子配置をもつ1価の陰イオンからなる化合物として最も適当なものを，次の①〜⑥のうちから一つ選べ。

① LiF　② LiCl　③ LiBr
④ NaF　⑤ NaCl　⑥ NaBr

b　**ア**〜**オ**の電子配置をもつ原子の性質に関する記述として**誤りを含むもの**を，次の①〜⑤のうちから一つ選べ。

① **ア**の電子配置をもつ原子は，他の原子と結合をつくりにくい。
② **イ**の電子配置をもつ原子は，他の原子と結合をつくる際，単結合だけでなく二重結合や三重結合もつくることができる。
③ **ウ**の電子配置をもつ原子は，常温・常圧で気体として存在する。
④ **エ**の電子配置をもつ原子は，**オ**の電子配置をもつ原子と比べてイオン化エネルギーが大きい。
⑤ **オ**の電子配置をもつ原子は，水素原子と共有結合をつくることができる。

（2021 共通テスト化学基礎 第2日程）

CHAPTER 2

物質量と化学反応式

THEME 5 物質量

GUIDANCE 化学の計算は mol を中心に行われるため，mol 計算ができなければ計算問題を解くことができない。本 THEME では，原子量，物質量など用語の定義を理解し，mol に関する計算問題をマスターしよう。

POINT 1 相対質量と原子量 ★★☆

原子はとても小さく軽いため，その質量をはかることは困難であった。そこで，**質量数 12 の炭素原子 ^{12}C 1 個の質量を 12 としたときの，他の原子の質量の比**，すなわち**原子の相対質量**を考える。例えば，^{1}H の相対質量は 1.0 となる。

元素によっては，数種類の同位体が一定の割合で混ざっているものも存在するため，**各同位体の相対質量に存在比をかけて求めた相対質量の平均値**を原子量という。原子量は問題に与えられるため，覚える必要はない。

例 塩素の原子量

塩素の同位体が ^{35}Cl（相対質量 35.0）：75.0％，
^{37}Cl（相対質量 37.0）：25.0％ のとき

$$(\text{塩素の原子量}) = \underbrace{35.0}_{^{35}\text{Clの相対質量}} \times \underbrace{\frac{75.0}{100}}_{^{35}\text{Clの存在比}} + \underbrace{37.0}_{^{37}\text{Clの相対質量}} \times \underbrace{\frac{25.0}{100}}_{^{37}\text{Clの存在比}} = 35.5$$

EXERCISE 1 ●原子量

カリウムは，原子量が 39.10 であり，^{39}K（相対質量 38.96）と ^{41}K（相対質量 40.96）の二つの同位体が自然界で大部分を占めている。これら以外の同位体は無視できるものとし，^{41}K の存在比〔％〕として最も適当な数値を，次の ①～⑧ のうちから一つ選べ。

① 1.0　② 5.0　③ 7.0　④ 49
⑤ 51　⑥ 93　⑦ 95　⑧ 99

（2017 センター化学基礎 追試）

解答 ③

解説 ^{41}K の存在比を x〔%〕とおくと，^{39}K の存在比は $100-x$〔%〕となる。K の原子量より，

$$38.96 \times \frac{100-x}{100} + 40.96 \times \frac{x}{100} = 39.10$$

(^{39}K の相対質量) (^{39}K の存在比) (^{41}K の相対質量) (^{41}K の存在比)

x = **7.0%**

EXERCISE 2 ●原子量と原子の構造

銀 $_{47}$Ag の原子量は 107.9 であり，天然に 2 種類の同位体が存在する。一方の同位体 $^{107}_{47}$Ag の相対質量は 106.9 であり，存在比は 52% である。もう一方の同位体に含まれる中性子の数と電子の数について，正しい値の組合せを次の ①～⑥ のうちから一つ選べ。

	中性子の数	電子の数
①	60	47
②	60	48
③	61	47
④	61	48
⑤	62	47
⑥	62	48

(2011 センター化学Ⅰ 追試)

解答 ⑤

解説 もう一方の Ag の同位体の相対質量を x とおく。Ag の原子量より，

$$106.9 \times \frac{52}{100} + x \times \frac{100-52}{100} = 107.9$$

$x = 108.98$

相対質量と質量数はおおよそ一致しているため，もう一方の同位体の質量数も 109 ($^{109}_{47}$Ag) と考えられる。

よって，$^{109}_{47}$Ag に含まれる中性子数は，109－47＝**62** 個。

また，原子の電子数は原子番号と等しいため，**47** 個である。

補足 厳密には，相対質量と質量数の値にはズレが生じるため，比例計算でもう一方の同位体の質量数を求める必要がある。

$$107 \times \frac{109.0}{106.9} = 109.1$$

EXERCISE 3 ●同位体の性質と原子量

臭素 Br には質量数が 79 と 81 の同位体がある。^{12}C の質量を 12 としたときの，それらの相対質量と存在比〔%〕を**表 1** に示す。臭素の同位体に関する記述として**誤りを含むもの**はどれか。最も適当なものを，下の①～④のうちから一つ選べ。

表 1　^{79}Br と ^{81}Br の相対質量と存在比

	相対質量	存在比〔%〕
^{79}Br	78.9	51
^{81}Br	80.9	49

① 臭素の原子量は ^{79}Br と ^{81}Br の相対質量と存在比から求めた平均値である。

② ^{79}Br と ^{81}Br の化学的性質は大きく異なる。

③ ^{79}Br と ^{81}Br の中性子の数は異なる。

④ ^{79}Br と ^{81}Br からなる臭素分子 Br_2 は，おおよそ

$$^{79}Br^{79}Br : {}^{79}Br^{81}Br : {}^{81}Br^{81}Br = 1:2:1$$

の比で存在する。

(2022 共通テスト化学基礎 本試)

解答 ②

解説 ① 原子量は，同位体の**相対質量と存在比から求めた平均値**である。正しい。

② 同位体の**化学的性質はほぼ同じ**である。誤り。

③ ^{79}Br と ^{81}Br は原子番号が同じで質量数が異なるため，中性子の数も異なる。正しい。

参考 Br の原子番号が 35 であるため，
中性子数　^{79}Br：$79-35=44$　　^{81}Br：$81-35=46$　となる。

④ **表 1** の存在比より，おおよそ ^{79}Br : ^{81}Br $= 1:1$ で存在するため，^{79}Br，^{81}Br の存在比はそれぞれおおよそ $\frac{1}{2}$ である。それぞれの分子のおおよその存在比を求めると，

^{79}Br^{79}Br　$\left(\frac{1}{2}\right)^2 = \frac{1}{4}$

^{79}Br^{81}Br　$\frac{1}{2} \times \frac{1}{2} \times 2 = \frac{1}{2}$（注）

$^{81}Br^{81}Br$　$\left(\frac{1}{2}\right)^2 = \frac{1}{4}$

よって，おおよそ $^{79}Br^{79}Br : {}^{79}Br^{81}Br : {}^{81}Br^{81}Br = 1 : 2 : 1$ で存在する。正しい。

注　$^{79}Br^{81}Br$，$^{81}Br^{79}Br$の2種類の分子が考えられるが，**互いに区別が付かない**ため，存在比は**2倍**となる。

POINT 2　分子量，式量

^{12}Cの質量を12としたときの分子の相対質量を分子量といい，**分子式の構成元素の原子量の和**で求められる。

例　二酸化炭素 CO_2 の分子量（原子量 C＝12，O＝16）

$$(CO_2 \text{ の分子量}) = (C \text{ の原子量}) + (O \text{ の原子量}) \times 2 = 12 + 16 \times 2 = 44$$

イオン結晶や金属結晶などのように，分子で存在しない物質では，分子量の代わりに式量が用いられる。式量は，**組成式やイオンの化学式の構成元素の原子量の和**で求められる。

例　塩化カルシウム $CaCl_2$ の式量（原子量 Cl＝35.5，Ca＝40）

$$(CaCl_2 \text{ の式量}) = (Ca \text{ の原子量}) + (Cl \text{ の原子量}) \times 2 = 40 + 35.5 \times 2 = 111$$

EXERCISE 4 ●分子量と式量

式量ではなく分子量を用いるのが適当なものを，次の①～⑥のうちから一つ選べ。

① 水酸化ナトリウム　② 黒　鉛
③ 硝酸アンモニウム　④ アンモニア
⑤ 酸化アルミニウム　⑥ 金

(2010 センター化学Ⅰ 本試)

解答 ④

解説 ④ アンモニア NH_3 は，非金属元素の原子のみからなる分子であるため，**NH_3 は分子式**であり，分子量を用いる。

①,③,⑤ ①の水酸化ナトリウム NaOH，③の硝酸アンモニウム NH_4NO_3，⑤の酸化アルミニウム Al_2O_3 は陽イオンと陰イオンからなる**イオン結晶**であるため，その化学式は**組成式**であり，式量を用いる。

② 黒鉛は，多数の炭素原子からなる共有結合の結晶であるため，**C は組成式**であり，式量を用いる。

⑥ 金は，多数の金属原子からなる金属結晶であるため，**Au は組成式**であり，式量を用いる。

EXERCISE 5 ●式量の算出

ある金属の臭化物 (MBr_3) の式量を X とする。この金属の酸化物 (M_2O_3) の式量として正しいものを，次の①～⑥のうちから一つ選べ。

(原子量 O=16，Br=80)

① $X-432$　② $X-216$　③ $X-192$
④ $2X-432$　⑤ $2X-216$　⑥ $2X-192$

(2002 センター化学ⅠB 本試)

解答 ④

解説 M の原子量を x とする。MBr_3 の式量より，

$$x+80\times 3=X$$

$$x=X-240$$

よって，M_2O_3 の式量は，

$$(X-240)\times 2+16\times 3=\mathbf{2X-432}$$

EXERCISE 6 ●質量と分子量

ある元素Xの酸化物 XO_2 は常温・常圧で気体であり，この気体を一定体積とって質量を測定すると 0.64 g であった。一方，そのときと同温・同圧で，同じ体積の気体のネオンの質量は 0.20 g であった。元素Xの原子量はいくらか。最も適当な数値を，次の ①～⑥ のうちから一つ選べ。

(原子量 O＝16，Ne＝20)

① 12　② 14　③ 28　④ 32　⑤ 35.5　⑥ 48

(大学入学共通テスト試行調査 化学 第1回)

解答 ④

解説 分子量は，分子の相対質量であるため，**分子量と質量は比例**する。XO_2 の分子量は，

$$20 \times \frac{0.64\ \mathrm{g}}{0.20\ \mathrm{g}} = 64 \quad \cdots (*)$$

Xの原子量を x とすると，

$$x + 16 \times 2 = 64$$

$$x = \mathbf{32}$$

別解 (＊)部分は，次のように比例式を立てて解いてもよい。

XO_2 の分子量 M とすると，

$$(\text{質量}):(\text{分子量}) = \underbrace{0.64\ \mathrm{g} : M}_{XO_2} = \underbrace{0.20\ \mathrm{g} : 20}_{Ne}$$

$$M = 64$$

以下，上記の解説と同じ。

CHAPTER 2 物質量と化学反応式

EXERCISE 7 ●式量と元素の含有率

表1に示した窒素化合物は肥料として用いられている。これらの化合物のうち，窒素の含有率（質量パーセント）が最も高いものを，下の①～④のうちから一つ選べ。（原子量 N＝14）

表1 肥料として用いられる窒素化合物とそのモル質量

窒素化合物	モル質量〔g/mol〕
NH_4Cl	53.5
$(NH_2)_2CO$	60
NH_4NO_3	80
$(NH_4)_2SO_4$	132

① NH_4Cl　② $(NH_2)_2CO$　③ NH_4NO_3　④ $(NH_4)_2SO_4$

（2022 共通テスト化学 本試）

解答 ②

解説 式量や分子量[注]は相対質量を表すため，**式量や分子量と質量は比例**する。各化合物の窒素Nの含有率を求めると，

① NH_4Cl　$\dfrac{14}{53.5}\times 100 = \dfrac{1400}{53.5}\,\%$

② $(NH_2)_2CO$　$\dfrac{14\times 2}{60}\times 100 = \dfrac{1400}{30}\,\%$

③ NH_4NO_3　$\dfrac{14\times 2}{80}\times 100 = \dfrac{1400}{40}\,\%$

④ $(NH_4)_2SO_4$　$\dfrac{14\times 2}{132}\times 100 = \dfrac{1400}{66}\,\%$

よって，窒素の含有率が最も高いのは**②**である。

注 モル質量は式量や分子量と同じ値となる。（➡ p. 79 POINT 3）

POINT 3 物質量 ★★★

粒子の個数に着目した物質の量を**物質量**といい，**mol**（モル）という単位で表す。**1 mol** の物質には **6.02×10^{23} 個**の粒子が含まれており，物質 1 mol あたりの粒子数 6.02×10^{23} 個/mol を**アボガドロ定数**という。

注 本来，アボガドロ定数の単位は〔/mol〕であるが，本書では分かりやすくするため〔個/mol〕と表記する。

物質 1 mol あたりの質量を**モル質量**〔g/mol〕といい，**モル質量の値は原子量，分子量，式量の値と等しい**。

注 原子量，分子量，式量は相対質量であるため単位はないが，モル質量には g/mol という単位がつく。

同温・同圧下で，同体積中に含まれる気体分子の数は等しく，これを**アボガドロの法則**という。例えば，0 °C，1.013×10^5 Pa（標準状態という）において，1 mol（$=6.02\times10^{23}$ 個）の気体分子は 22.4 L の体積を占める。物質 1 mol あたりの体積を**モル体積**〔L/mol〕といい，**0 °C，1.013×10^5 Pa における気体のモル体積は気体の種類によらず 22.4 L/mol**である。

1 mol あたりの
- **個数**：**6.02×10^{23} 個/mol**
- **質量**：**モル質量 g/mol**（原子量，分子量，式量と等しい値）
- **気体の体積**：**22.4 L/mol**（0 °C，1.013×10^5 Pa）

TECHNIQUE 物質量の計算

物質量の計算に限らず化学の計算では，**単位に着目して行う**とよい。例えば，物質量〔mol〕から質量〔g〕を求めるときは，物質量〔mol〕にモル質量〔g/mol〕を掛けると求められることがわかる（〔mol〕×〔g/mol〕＝〔g〕）。同様に，質量〔g〕から物質量〔mol〕を求めるときは，質量〔g〕をモル質量〔g/mol〕で割ると求められることがわかる。物質量の計算をまとめると以下の通り。

物質量〔mol〕× 6.02×10^{23}〔個/mol〕＝ 個数〔個〕

物質量〔mol〕× モル質量〔g/mol〕＝ 質量〔g〕

物質量〔mol〕× 22.4〔L/mol〕＝ 気体の体積〔L〕

$$\text{物質量〔mol〕} = \frac{\text{個数〔個〕}}{6.02\times10^{23}\text{〔個/mol〕}} = \frac{\text{質量〔g〕}}{\text{モル質量〔g/mol〕}} = \frac{\text{気体の体積〔L〕}}{22.4\text{〔L/mol〕}}$$

例題 0°C，1.013×10^5 Pa で 0.56 L の二酸化炭素の質量は何 g か。

（原子量 C＝12，O＝16）

答 CO_2＝44 なので，

$$\frac{0.56\ \text{L}}{22.4\ \text{L/mol}} \times 44\ \text{g/mol} = \mathbf{1.1\ g}$$

mol

EXERCISE 8 ●物質量の計算①

問1 1.0 カラットのダイヤモンドに含まれる炭素原子の物質量として最も適当な数値を，次の①～⑥のうちから一つ選べ。ただし，カラットは質量の単位で，1.0 カラットは 0.20 g である。（原子量 C＝12）

① 0.0017　② 0.0024　③ 0.017　④ 0.024　⑤ 0.17
⑥ 0.24

（2016 センター化学基礎 本試）

問2 純粋なエタノール C_2H_5OH 9.2 g 中に含まれる分子数はいくつか。最も適当な数値を，次の①～⑥のうちから一つ選べ。

（原子量 H＝1.0，C＝12，O＝16　アボガドロ定数 6.0×10^{23} /mol）

① 1.2×10^{23}　② 1.7×10^{23}　③ 2.1×10^{24}
④ 3.0×10^{24}　⑤ 1.8×10^{26}　⑥ 2.5×10^{26}

（2018 センター化学基礎 追試）

問3 0°C，1.013×10^5 Pa における体積が最も大きいものを，次の①～⑤のうちから一つ選べ。（原子量 H＝1.0，C＝12，N＝14，O＝16）

① 2.0 g の H_2
② 0°C，1.013×10^5 Pa で 20 L の He
③ 88 g の CO_2
④ 28 g の N_2 と 0°C，1.013×10^5 Pa で 5.6 L の O_2 との混合気体
⑤ 2.5 mol の CH_4

（2009 センター化学Ⅰ 本試）

解答 **問1** ③　**問2** ①　**問3** ⑤

解説 **問1** 0.20 g のダイヤモンド中の炭素原子の物質量は，

$$\frac{0.20\ \text{g}}{12\ \text{g/mol}} = \mathbf{0.0166}\ \text{mol}$$

（0.0166 の末尾の 6 を 7 に切り上げ）

問2 エタノール C_2H_5OH 9.2 g 中に含まれる分子数は，$C_2H_5OH=46$ なので，

$$\frac{9.2\ \text{g}}{46\ \text{g/mol}} \times 6.0 \times 10^{23}\ \text{個/mol} = \mathbf{1.2 \times 10^{23}}\ \textbf{個}$$

mol　個

問3 0 °C，1.013×10^5 Pa における体積〔L〕をそれぞれ求めると，

① $H_2=2.0$ なので，$\dfrac{2.0\ \text{g}}{2.0\ \text{g/mol}} \times 22.4\ \text{L/mol} = 22.4\ \text{L}$

mol　L

② 20 L

③ $CO_2=44$ なので，$\dfrac{88\ \text{g}}{44\ \text{g/mol}} \times 22.4\ \text{L/mol} = 44.8\ \text{L}$

mol　L

④ 28 g の N_2 の 0 °C，1.013×10^5 Pa における体積は，$N_2=28$ なので，

$$\frac{28\ \text{g}}{28\ \text{g/mol}} \times 22.4\ \text{L/mol} = 22.4\ \text{L}$$

mol　L

よって，混合気体の体積の合計は，

$22.4 + 5.6 = 28$ L

⑤ $2.5\ \text{mol} \times 22.4\ \text{L/mol} = 56\ \text{L}$

0 °C，1.013×10^5 Pa における体積が最も大きいのは，**⑤**である。

EXERCISE 9 ●物質量の計算②

問1 体積 1.0 cm^3 の氷に，水分子は何個含まれるか。最も適当な数値を，次の ①～⑥ のうちから一つ選べ。ただし，氷の密度は 0.91 g/cm^3 とする。(原子量 H=1.0，O=16，アボガドロ定数 6.0×10^{23} /mol)

① 3.0×10^{21}　② 3.3×10^{21}　③ 3.7×10^{21}　④ 3.0×10^{22}
⑤ 3.3×10^{22}　⑥ 3.7×10^{22}

(2011 センター化学Ⅰ 本試)

問2 ドライアイスが気体に変わると，0°C，1.013×10^5 Pa で体積はおおよそ何倍になるか。最も適当な数値を，次の ①～⑤ のうちから一つ選べ。ただし，ドライアイスの密度は 1.6 g/cm^3 であるとする。

(原子量 C=12，O=16)

① 320　② 510　③ 640　④ 810　⑤ 1000

(2012 センター化学Ⅰ 本試)

解答 問1 ④　問2 ④

解説 **問1** 体積 1.0 cm^3 の氷の質量は，

$$0.91\ g/cm^3\times1.0\ cm^3 = 0.91\ g$$

その中に含まれる水分子の数は，H_2O=18 なので，

$$\frac{0.91\ g}{18\ g/mol}\times6.0\times10^{23}\ 個/mol = \mathbf{3.03\times10^{22}\ 個}$$

mol　個

問2 1.0 cm^3 のドライアイスが気体に変化したときの体積比を考える。ドライアイス 1.0 cm^3 の質量は，

$$1.6\ g/cm^3\times1.0\ cm^3 = 1.6\ g$$

それが気体の二酸化炭素に変化したときの 0°C，1.013×10^5 Pa における体積は，CO_2=44 なので，

$$\frac{1.6\ g}{44\ g/mol}\times22.4\ L/mol = 0.814\ L$$

mol　L

1 mL = 1 cm^3 より，0.814 L = 0.814×10^3 mL = $0.814\times10^3\ cm^3$ であるため，1.0 cm^3 のドライアイスが気体に変化したときその体積は，

$$\frac{0.814\times10^3\ cm^3}{1.0\ cm^3} = 814 \fallingdotseq \mathbf{810\ 倍}$$ となる。

EXERCISE 10 ●原子の物質量

次の記述で示された酸素のうち，含まれる酸素原子の物質量が最も小さいものはどれか。正しいものを，次の①～④のうちから一つ選べ。

(原子量 H＝1.0，C＝12，O＝16)

① 0℃，1.013×10^5 Pa の状態で体積が 22.4 L の酸素
② 水 18 g に含まれる酸素
③ 過酸化水素 1.0 mol に含まれる酸素
④ 黒鉛 12 g の完全燃焼で発生する二酸化炭素に含まれる酸素

(2021 共通テスト化学基礎 第1日程)

解答 ②

解説 ① 酸素分子 O_2 の物質量は，

$$\frac{22.4\ \text{L}}{22.4\ \text{L/mol}} = 1.0\ \text{mol}$$

酸素分子O_2 1個に含まれる酸素原子Oは**2個**であるため，1.0 mol の酸素分子 O_2 中に含まれる酸素原子Oの物質量は，

$$1.0\ \text{mol}\times2 = 2.0\ \text{mol}$$

② 水 H_2O の物質量は，H_2O＝18 なので，

$$\frac{18\ \text{g}}{18\ \text{g/mol}} = 1.0\ \text{mol}$$

水分子 H_2O 1個に含まれる酸素原子Oは**1個**であるため，1.0 mol の水分子 H_2O 中に含まれる酸素原子Oの物質量は 1.0 mol。

③ 過酸化水素分子 H_2O_2 1個に含まれる酸素原子Oは**2個**であるため，1.0 mol の過酸化水素分子 H_2O_2中に含まれる酸素原子Oの物質量は，

$$1.0\ \text{mol}\times2 = 2.0\ \text{mol}$$

④ 黒鉛Cの物質量は，C＝12 なので，

$$\frac{12\ \text{g}}{12\ \text{g/mol}} = 1.0\ \text{mol}$$

物質量は個数のまとまりを表すため，黒鉛C 1 mol から得られる二酸化炭素 CO_2 は 1 mol である。

二酸化炭素分子 CO_2 1個に含まれる酸素原子Oは**2個**であるため，1.0 mol の二酸化炭素分子 CO_2 中に含まれる酸素原子Oの物質量は，

$$1.0\ \text{mol}\times2 = 2.0\ \text{mol}$$

よって，含まれる酸素原子の物質量が最も小さいのは②である。

EXERCISE 11 ●物質の混合と物質量

問1　0°C，1.013×10^5 Paにおいて，体積比2：1のメタンと二酸化炭素からなる混合気体1.0 Lの質量は何gか。最も適当な数値を，次の①～⑤のうちから一つ選べ。(原子量 H＝1.0，C＝12，O＝16)

①　0.71　　②　1.1　　③　1.5　　④　2.0　　⑤　2.2

(2018 センター化学基礎 本試)

問2　青銅は銅とスズの合金である。2.8 kgの青銅A(質量パーセント：Cu 96％，Sn 4.0％)と1.2 kgの青銅B(Cu 70％，Sn 30％)を混合して融解し，均一な青銅Cをつくった。1.0 kgの青銅Cに含まれるスズの物質量は何molか。最も適当な数値を，次の①～⑤のうちから一つ選べ。(原子量 Sn＝119)

①　0.12　　②　0.47　　③　0.99　　④　4.0　　⑤　12

(2016 センター化学基礎 本試)

解答　**問1**　②　　**問2**　③

解説　**問1**　混合気体1.0 L中に含まれるそれぞれの物質の0°C，1.013×10^5 Paにおける体積は，

メタン CH_4　$1.0 \times \frac{2}{3} = \frac{2}{3}$ L　　　二酸化炭素 CO_2　$1.0 \times \frac{1}{3} = \frac{1}{3}$ L

それぞれの気体の質量の和は，CH_4＝16，CO_2＝44 なので，

CH_4〔mol〕　CH_4〔g〕　CO_2〔mol〕　CO_2〔g〕

$$\frac{\frac{2}{3}\text{ L}}{22.4\text{ L/mol}} \times 16\text{ g/mol} + \frac{\frac{1}{3}\text{ L}}{22.4\text{ L/mol}} \times 44\text{ g/mol}$$

CH_4の質量〔g〕　CO_2の質量〔g〕

$$= \frac{2 \times 16 + 44}{3 \times 22.4} = \mathbf{1.13\text{ g}}$$

問2　2.8 kgの青銅A中に含まれるスズの質量は，

$$2.8\text{ kg} \times \frac{4.0}{100} = 0.112\text{ kg}$$

また，1.2 kgの青銅B中に含まれるスズの質量は，

$$1.2\text{ kg} \times \frac{30}{100} = 0.36\text{ kg}$$

青銅C　2.8＋1.2＝4.0 kg中に含まれるスズの総質量は0.112＋0.36＝0.472 kg であるため，青銅C 1.0 kg中に含まれるスズの総質量は，

$$0.472\,\text{kg} \times \frac{1.0\,\text{kg}}{4.0\,\text{kg}} = 0.118\,\text{kg}$$

その物質量は,

$$\frac{0.118 \times 10^3\,\text{g}}{119\,\text{g/mol}} = \mathbf{0.991\,mol}$$

EXERCISE 12 ●物質量と組成式

原子量が 55 の金属 M の酸化物を金属に還元したとき，質量が 37% 減少した。この酸化物の組成式として最も適当なものを，次の ①～⑥ のうちから一つ選べ。(原子量 O=16)

① MO　② M_2O_3　③ MO_2　④ M_2O_5　⑤ MO_3
⑥ M_2O_7

(2013 センター化学Ⅰ 本試)

解答 ③

解説 金属の酸化物を還元すると，酸素原子が失われ金属の単体となるため，**質量減少分は酸素原子の占める質量パーセント〔%〕**である。
金属 M の酸化物が 100 g あるとすると，その中に酸素原子が 37 g，金属 M の原子が 100 − 37 = 63 g 含まれるとわかる。金属 M の原子と酸素原子の物質量比は,

$$(\text{M の物質量}):(\text{O の物質量}) = \frac{63\,\text{g}}{55\,\text{g/mol}} : \frac{37\,\text{g}}{16\,\text{g/mol}} \fallingdotseq 1:2$$

となる。物質量比は個数の比と等しいため，求める組成式は $\mathbf{MO_2}$

EXERCISE 13 ●物質の純度

鉱物試料中の二酸化ケイ素 SiO_2 を，フッ化水素酸（フッ化水素 HF の水溶液）を用いてすべて除去することで，試料の質量の減少量からケイ素 Si の含有量を求めることができる。このときの反応は次式で表され，SiO_2 は気体の四フッ化ケイ素 SiF_4 と気体の水として除去される。

$$SiO_2 + 4HF \longrightarrow SiF_4 + 2H_2O$$

適切な前処理をして乾燥した，ある鉱物試料 2.00 g から，すべての SiO_2 を除去したところ，残りの乾燥した試料の質量は 0.80 g となった。この前処理をした鉱物試料中のケイ素の含有率（質量パーセント）は何％か。最も適当な数値を，次の①～⑥のうちから一つ選べ。ただし，前処理をした試料中のケイ素はすべて SiO_2 として存在し，さらに，SiO_2 以外の成分はフッ化水素酸と反応しないものとする。（原子量 O＝16，Si＝28）

① 2.8　② 5.6　③ 6.0　④ 28　⑤ 56　⑥ 60

（2021 共通テスト化学基礎 第 2 日程）

解答 ④

解説 前処理をした鉱物試料中に含まれる SiO_2 の質量は，

$$2.00 - 0.80 = 1.20\ \mathrm{g}$$

モル質量と質量は比例することから，前処理をした鉱物試料中に含まれる Si の質量は，SiO_2＝60 なので，

$$1.20\ \mathrm{g} \times \frac{28\ \mathrm{g/mol}}{60\ \mathrm{g/mol}} = 0.56\ \mathrm{g}$$

前処理をした鉱物試料中のケイ素 Si の含有率（質量パーセント）は，

$$\frac{0.56\ \mathrm{g}}{2.00\ \mathrm{g}} \times 100 = \mathbf{28\%}$$

EXERCISE 14 ●単分子膜

物質**A**は，**図 1** に示すように，棒状の分子が水面に直立してすき間なく並び，一層の膜（単分子膜）を形成する。物質**A**の質量が w〔g〕のとき，この膜の全体の面積は X〔cm^2〕であった。物質**A**のモル質量を M〔g/mol〕，アボガドロ定数を N_A〔/mol〕としたとき，分子 1 個の断面積 s〔cm^2〕を表す式として正しいものを，下の ① ～ ⑥ のうちから一つ選べ。

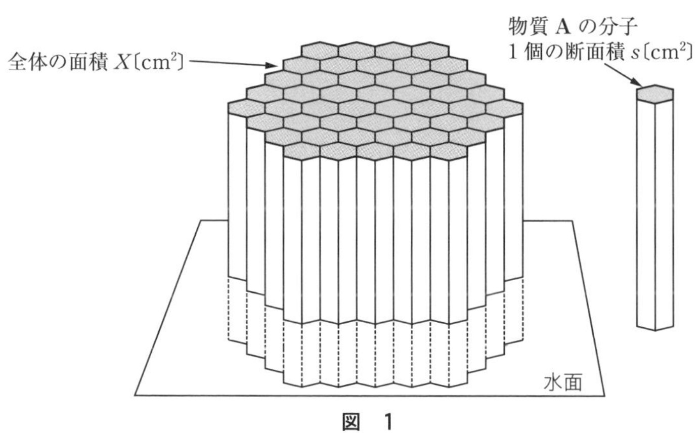

図 1

① $\dfrac{XN_A}{wM}$　② $\dfrac{XM}{wN_A}$　③ $\dfrac{Xw}{MN_A}$　④ $\dfrac{XwM}{N_A}$　⑤ $\dfrac{XwN_A}{M}$

⑥ $\dfrac{XMN_A}{w}$

（2017 センター化学基礎 本試）

解答 ②

解説 物質 **A** w〔g〕中に含まれる分子数は，

$$\frac{w\,[\text{g}]}{M\,[\text{g/mol}]} \times N_A\,[\text{個/mol}] = \frac{wN_A}{M}\,[\text{個}]$$

mol　個

分子 1 個の断面積 s〔cm^2〕に物質**A**の分子数を掛ければ膜全体の面積 X〔cm^2〕となることから，

$$s\,[\text{cm}^2/\text{個}] \times \frac{wN_A}{M}\,[\text{個}] = X\,[\text{cm}^2]$$

$$s = \boldsymbol{\frac{XM}{wN_A}}$$

EXERCISE 15 ●水素吸蔵合金

水素を吸収するニッケル合金がある。このニッケル合金に水素を吸収させたところ，質量が 0.30％ 増加した。この合金の 1 cm^3 は，0℃，1.013×10^5 Pa の水素を何 mL 吸収したか。最も適当な数値を，次の ①～⑤ のうちから一つ選べ。ただし，この合金の密度を 8.3 g/cm^3 とする。(原子量 H＝1.0)

① 28　② 56　③ 140　④ 280　⑤ 560

(2000 センター化学ⅠB 本試)

解答 ④

解説 合金 1 cm^3 の質量は，

$$8.3\ g/cm^3 \times 1\ cm^3 = 8.3\ g$$

質量増加より，合金が吸収した水素 H_2 の質量は，

$$8.3\ g \times \frac{0.30}{100} = 0.0249\ g$$

吸収した水素 H_2 の 0℃，1.013×10^5 Pa における体積は，

$$\frac{0.0249\ g}{2.0\ g/mol} \times 22.4\ L/mol \times 10^3 = \mathbf{278.88\ mL}$$

SUMMARY & CHECK

- ✔相対質量と原子量の違いが理解でき，相対質量から原子量を求めることができるか。 ➡ POINT 1
- ✔分子量，式量を求めることができるか。 ➡ POINT 2
- ✔物質量の計算ができるか。 ➡ POINT 3

THEME
6 溶液の濃度

GUIDANCE 化学の実験では，比較的取り扱いやすい水溶液を多く扱うため，実験結果を考察するときに濃度の計算を行う必要がある。本 THEME では，濃度の定義，溶液の調製法を確認し，濃度に関する計算問題をマスターしよう。

POINT 1 濃度の定義

溶液は，物質が**溶解**している液体であり，液体に溶けている物質を溶質，溶かしている液体を溶媒という。溶液中に溶けている物質の割合を濃度といい，以下の2つの濃度を用いることが多い。

$$\text{質量パーセント濃度〔\%〕} = \frac{\text{溶質の質量〔g〕}}{\text{溶液の質量〔g〕}} \times 100$$

$$\text{モル濃度〔mol/L〕} = \frac{\text{溶質の物質量〔mol〕}}{\text{溶液の体積〔L〕}}$$

モル濃度は溶液1L中に溶けている溶質の物質量〔mol〕を表しており，最もよく使われる濃度である。また，溶液に溶けている溶質の物質量は，以下のように求められる。

溶質の物質量〔mol〕＝モル濃度〔mol/L〕×溶液の体積〔L〕

例題 0.10 mol/L 水酸化ナトリウム水溶液 400 mL に含まれる水酸化ナトリウム NaOH の物質量は何 mol か。

答 $0.10\ \text{mol}/\cancel{\text{L}} \times \dfrac{400}{1000}\ \cancel{\text{L}} = \mathbf{0.040\ mol}$

EXERCISE 1 ●溶液の濃度

問1　水酸化ナトリウム 4.0 g を水に溶解して 1.0 L の水溶液をつくった。この溶液の濃度は何 mol/L か。最も適当な数値を，次の ①～⑥ のうちから一つ選べ。(原子量 H＝1.0，O＝16，Na＝23)

① 0.025　② 0.050　③ 0.10　④ 0.25　⑤ 0.50
⑥ 1.0

(2015 センター試験化学Ⅰ 本試)

問2　市販の飲料にはアスコルビン酸（ビタミンC，分子式 $C_6H_8O_6$）が含まれているものがある。ある市販の飲料 500 mL に 0.88 g のアスコルビン酸が含まれているとき，この飲料に含まれているアスコルビン酸のモル濃度は何 mol/L か。最も適当な数値を，次の ①～⑥ のうちから一つ選べ。(原子量 H＝1.0，C＝12，O＝16)

① 0.0018　② 0.0050　③ 0.010　④ 0.044　⑤ 0.88
⑥ 1.8

(2020 センター化学基礎 追試)

問3　質量パーセント濃度 x〔%〕，密度 d〔g/cm^3〕の溶液が 100 mL ある。この溶液に含まれる溶質のモル質量が M〔g/mol〕であるとき，溶質の物質量を表す式として最も適当なものを，次の ①～⑧ のうちから一つ選べ。

① $\dfrac{xd}{M}$　② $\dfrac{xd}{100M}$　③ $\dfrac{10xd}{M}$　④ $\dfrac{100xd}{M}$　⑤ $\dfrac{M}{xd}$
⑥ $\dfrac{100M}{xd}$　⑦ $\dfrac{M}{10xd}$　⑧ $\dfrac{M}{100xd}$

(2021 共通テスト化学基礎　第1日程)

問4　質量パーセント濃度が 20% の塩化マグネシウム $MgCl_2$ 水溶液がある。この水溶液の密度は，1.2 g/cm^3 であった。この水溶液 50 mL に含まれる塩化物イオンの物質量は何 mol か。最も適当な数値を，次の ①～⑥ のうちから一つ選べ。(原子量 Mg＝24，Cl＝35.5)

① 0.11　② 0.13　③ 0.25　④ 1.1　⑤ 1.3　⑥ 2.5

(2020 センター化学基礎 追試)

解答 問1 ③　問2 ③　問3 ①　問4 ③

解説 問1　水酸化ナトリウム水溶液のモル濃度は，NaOH＝40 なので，

$$\frac{\frac{4.0\text{ g}}{40\text{ g/mol}}}{1\text{ L}} = \mathbf{0.10\ mol/L}$$

問2　アスコルビン酸のモル濃度は，$C_6H_8O_6$＝176 なので，

アスコルビン酸〔mol〕

$$\frac{\frac{0.88\text{ g}}{176\text{ g/mol}}}{0.500\text{ L}} = \mathbf{0.010\ mol/L}$$

1L = 1000 mL より，500 mL = $\frac{500}{1000}$L = 0.500L

問3　溶液全体の質量は，（注 1 mL = 1 cm³）

d〔g/mL〕× 100 mL = 100d〔g〕

溶液中に含まれる溶質の質量は，

$$100d\text{〔g〕}\times\frac{x}{100} = dx\text{〔g〕}$$

その物質量は，

$$\frac{dx\text{〔g〕}}{M\text{〔g/mol〕}} = \frac{\boldsymbol{dx}}{\boldsymbol{M}}\text{〔mol〕}$$

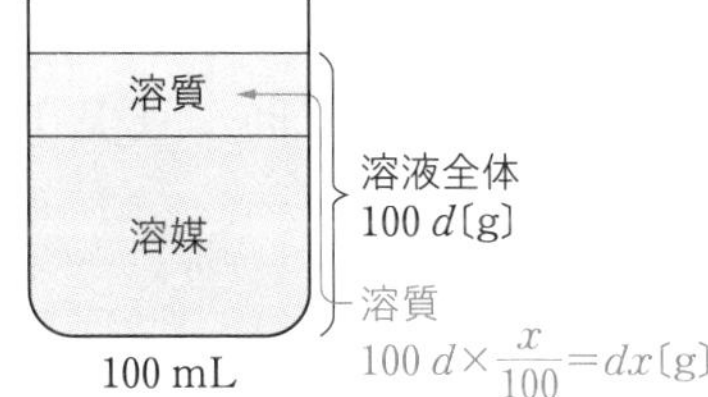

注　濃度の問題は，図を描いて考えるとわかりやすい。

問4　塩化マグネシウム水溶液全体の質量は，

1.2 g/mL × 50 mL = 60 g

溶液中に含まれる塩化マグネシウム $MgCl_2$ の質量は，

$$60\text{ g}\times\frac{20}{100} = 12\text{ g}$$

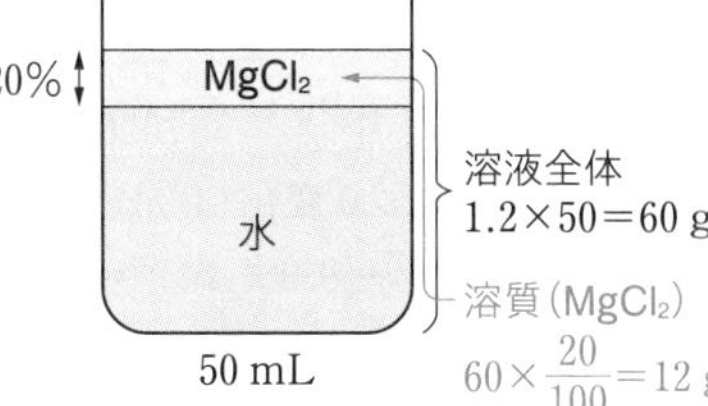

$MgCl_2$ 1 mol に Cl^- が **2 mol** 含まれる。よって，水溶液中に含まれる塩化物イオン Cl^- の物質量は，$MgCl_2$＝95 なので，

$$\frac{12\text{ g}}{95\text{ g/mol}}\times 2 = \mathbf{0.252\ mol}$$

EXERCISE 2 ●モル濃度と濃度変化

食品添加物などに用いられるビタミンC，$C_6H_8O_6$（分子量 176）は，空気中で少しずつ酸化されて別の物質に変化する。ビタミンCがどの程度酸化されるかを調べるために，純粋なビタミンCを 1.76 g はかり取り，空気中で一定期間放置した。この試料を水に溶かして 100 mL の水溶液とし，水溶液中のビタミンCのモル濃度を測定した。その結果，モル濃度は 9.0×10^{-2} mol/L であった。放置する前にあったビタミンCの何％が変化したか。最も適当な数値を，次の①～⑤のうちから一つ選べ。ただし，試料中のビタミンCはすべて水に溶けるものとする。

① 0.10　② 0.90　③ 1.0　④ 9.0　⑤ 10

（2022 共通テスト化学基礎 追試）

解答 ⑤

解説 純粋なビタミンCの物質量は，

$$\frac{1.76\ \text{g}}{176\ \text{g/mol}} = 1.0 \times 10^{-2}\ \text{mol}$$

空気中で放置後，残ったビタミンCの物質量は，

$$9.0 \times 10^{-2}\ \text{mol/L} \times \frac{100}{1000}\ \text{L} = 9.0 \times 10^{-3}\ \text{mol}$$

放置することにより変化したビタミンCの物質量は，

$$1.0 \times 10^{-2} - 9.0 \times 10^{-3} = 1.0 \times 10^{-3}\ \text{mol}$$

よって，変化したビタミンCの割合は，

$$\frac{1.0 \times 10^{-3}}{1.0 \times 10^{-2}} \times 100 = \mathbf{10\%}$$

EXERCISE 3 ●水和物と濃度

硫酸銅(Ⅱ)五水和物 25.0 g を水に溶かして，500 mL の水溶液を調製した。この硫酸銅(Ⅱ)水溶液の質量パーセント濃度はいくらか。最も適当な数値を，次の①～⑤のうちから一つ選べ。ただし，溶液の密度は 1.00 g/cm^3 とする。(原子量 H＝1.0，O＝16，S＝32，Cu＝64)

① 1.6　② 2.5　③ 3.2　④ 4.8　⑤ 5.0

(1993 センター化学 追試)

解答 ③

解説 硫酸銅(Ⅱ)五水和物は $CuSO_4 \cdot 5H_2O$ (モル質量 250 g/mol) と表され，水に溶かすと水和水は溶媒の水と混ざり，$CuSO_4$ (モル質量 160 g/mol) だけが**溶質**となる。

水に溶かした後の溶質 $CuSO_4$ の質量は，

$$25.0\ \mathrm{g} \times \frac{160\ \mathrm{g/mol}}{250\ \mathrm{g/mol}} = 16.0\ \mathrm{g}$$

また，溶液全体の質量は，

$$1.00\ \mathrm{g/mL} \times 500\ \mathrm{mL} = 500\ \mathrm{g}$$

よって，硫酸銅(Ⅱ)水溶液の質量パーセント濃度は，

$$\frac{16.0\ \mathrm{g}}{500\ \mathrm{g}} \times 100 = \mathbf{3.2\%}$$

TECHNIQUE 濃度の単位変換

質量パーセント濃度〔%〕で表された濃度をモル濃度〔mol/L〕に変換する，またはその逆を行うときは，**溶液の体積を1Lとおいて考える**と良い。濃度の単位変換を行うときの手順を以下にまとめた。濃度の問題が苦手な場合は，図を描いて考えるとわかりやすい。

Step 1 **溶液の体積を1Lとおく。**
Step 2 **溶液，溶質の質量を求める。**
Step 3 **濃度の定義に代入する。**

EXERCISE 4 ●濃度の単位変換

問1 質量パーセント濃度49%の硫酸水溶液のモル濃度は何mol/Lか。最も適当な数値を，次の①～⑥のうちから一つ選べ。ただし，この硫酸水溶液の密度は1.4 g/cm^{3}とする。(原子量 H=1.0，O=16，S=32)

① 3.6　② 5.0　③ 7.0　④ 8.6　⑤ 10　⑥ 14

(2013 センター化学Ⅰ 本試)

問2 14 mol/Lのアンモニア水の質量パーセント濃度は何%か。最も適当な数値を，次の①～⑥のうちから一つ選べ。ただし，このアンモニア水の密度は0.90 g/cm^{3}とする。(原子量 H=1.0，N=14)

① 2.1　② 2.4　③ 2.6　④ 21　⑤ 24　⑥ 26

(2012 センター化学Ⅰ 追試)

解答 **問1** ③　**問2** ⑥

解説 **問1** 溶液の体積を1L(= 1000 mL)とおく。

硫酸水溶液(溶液)全体の質量は，

$$1.4\ \text{g/mL} \times 1000\ \text{mL} = 1400\ \text{g}$$

溶液中に含まれる溶質の硫酸H_2SO_4の質量は，

$$1400\ \text{g} \times \frac{49}{100} = 14 \times 49\ \text{g}$$

よって，硫酸水溶液のモル濃度は，$H_2SO_4=98$ なので，

H_2SO_4〔mol〕

$$\frac{\dfrac{14 \times 49\ \mathrm{g}}{98\ \mathrm{g/mol}}}{1\ \mathrm{L}} = \mathbf{7.0\ mol/L}$$

49%
H_2SO_4
水
溶液全体
$1.4 \times 1000 = 1400$ g
溶質 (H_2SO_4)
$1400 \times \dfrac{49}{100} = 14 \times 49$ g
1 L = 1000 mL

問2　溶液の体積を 1 L (= 1000 mL) とおく。

アンモニア水 (溶液) 全体の質量は,

$$0.90\ \mathrm{g/mL} \times 1000\ \mathrm{mL} = 900\ \mathrm{g}$$

溶液中に含まれる溶質のアンモニア NH_3 の質量は, $NH_3 = 17$ なので,

$$14\ \mathrm{mol} \times 17\ \mathrm{g/mol} = 238\ \mathrm{g}$$

よって, アンモニア水の質量パーセント濃度は,

$$\frac{238\ \mathrm{g}}{900\ \mathrm{g}} \times 100 = \mathbf{26.4\%}$$

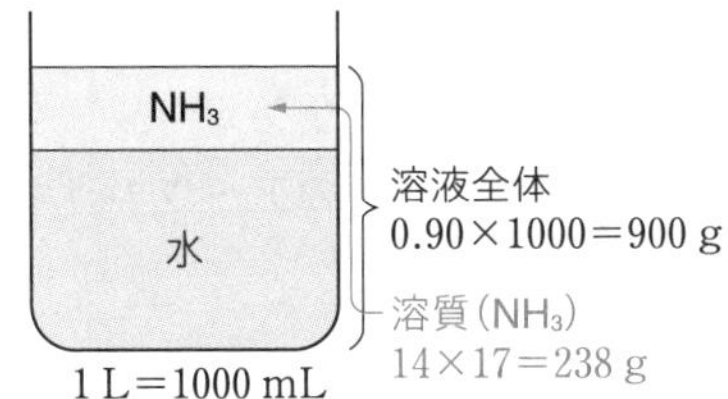

POINT 2 溶液の調製

正確な濃度の溶液を調製するときは，メスフラスコを用いる。
例えば，0.10 mol/L の塩化ナトリウム水溶液を 1 L つくりたいときは，
① 0.10 mol (= 5.85 g) の塩化ナトリウム NaCl を正確にはかり取り，
② 少量の純水に溶かし，容量が 1 L のメスフラスコに入れ，
③ **標線まで純水を加える**ことで溶液をつくる。

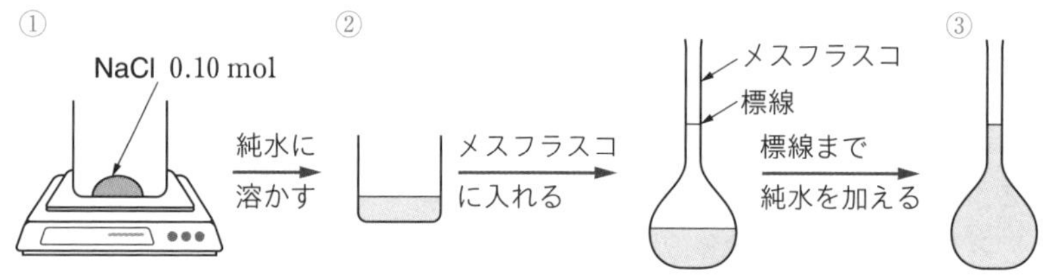

EXERCISE 5 ●溶液の調製

濃度 0.100 mol/Lのシュウ酸標準溶液 250 mL を調製したい。調製法に関する次の問い **a** ・ **b** に答えよ。その答えの組合せとして正しいものを，後の ① ～ ⑥ のうちから一つ選べ。(原子量 H=1.0，C=12，O=16)

a この標準溶液をつくるために必要なシュウ酸二水和物 $(COOH)_2 \cdot 2H_2O$ の質量〔g〕として正しいものを，次の**ア**～**ウ**のうちから一つ選べ。

ア 2.25 **イ** 2.70 **ウ** 3.15

b はかり取ったシュウ酸二水和物を水に溶解して標準溶液とする操作として最も適当なものを，次の**エ**～**カ**のうちから一つ選べ。

エ 500 mL のビーカーにシュウ酸二水和物を入れて約 200 mL の水に溶かし，ビーカーの 250 mL の目盛りまで水を加えたあと，よくかき混ぜた。

オ 100 mL のビーカーにシュウ酸二水和物を入れて少量の水に溶かし，この溶液とビーカーの中を洗った液とを 250 mL のメスフラスコに移した。水を標線まで入れ，よく振り混ぜた。

カ 500 mL のビーカーにシュウ酸二水和物を入れ，メスシリンダーではかりとった水 250 mL を加え，よくかき混ぜて溶解した。

	a	b
①	ア	エ
②	イ	オ
③	ウ	オ
④	ア	カ
⑤	イ	エ
⑥	ウ	カ

（2000 センター化学ⅠB 追試）

解答 ③

解説 **a** 必要なシュウ酸二水和物の質量は，$(COOH)_2 \cdot 2H_2O$＝126 なので，

$$0.100\ \text{mol/L} \times \frac{250}{1000}\ \text{L} \times 126\ \text{g/mol} = \mathbf{3.15\ g}$$

$(COOH)_2 \cdot 2H_2O$〔mol〕　$(COOH)_2 \cdot 2H_2O$〔g〕

b 正確な濃度の溶液をつくるときには，**メスフラスコ**を用いる必要がある。

TECHNIQUE 溶液の希釈・混合

濃い溶液を水で希釈し，薄い溶液をつくるとき，**溶液中に存在する溶質の量は変化しない**。よって，溶液を希釈したり，混合したりする問題を考えるときは，**希釈（混合）前後で溶質の量（物質量，質量）が変化しない**ことに着目して立式すればよい。

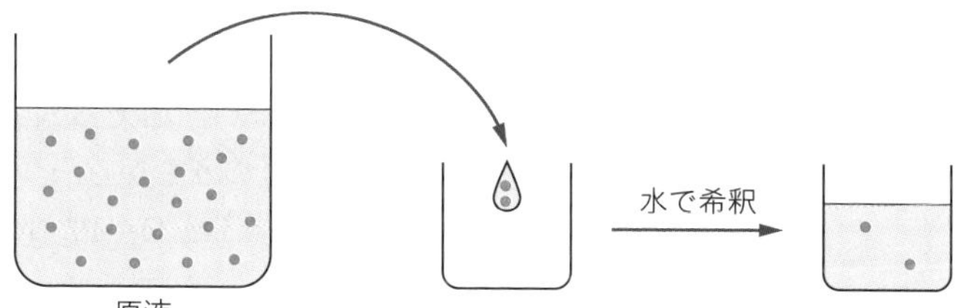

EXERCISE 6 ●溶液の希釈・混合

問1　密度 1.14 g/cm^3，質量パーセント濃度 32.0％の塩酸 10.0 mL を純水で希釈して 500 mL にした。この水溶液のモル濃度は何 mol/L か。最も適当な数値を，次の ①～⑥ のうちから一つ選べ。

(原子量 H＝1.0，Cl＝35.5)

① 0.0175　② 0.0200　③ 0.100　④ 0.175　⑤ 0.200　⑥ 0.640

(2016 センター化学基礎 追試)

問2　塩化ナトリウム NaCl の濃度がそれぞれ a〔mol/L〕と b〔mol/L〕である水溶液AとBがある。水溶液AとBを混ぜて，NaCl の濃度が c〔mol/L〕の水溶液を V〔L〕つくるのに必要な水溶液Aの体積は何Lか。この体積〔L〕を表す式として正しいものを，次の ①～⑥ のうちから一つ選べ。ただし，混合後の水溶液の体積は，混合前の2つの水溶液の体積の和に等しいとする。また，$a<c<b$ とする。

① $\dfrac{V(b+c)}{(a+b)}$　② $\dfrac{V(b-c)}{(a+b)}$　③ $\dfrac{V(b-c)}{(b-a)}$

④ $\dfrac{V(b-a)}{(b+c)}$　⑤ $\dfrac{V(b-a)}{(b-c)}$　⑥ $\dfrac{V(a+b)}{(b-c)}$

(2003 センター化学ⅠB 追試)

問3　モル濃度が 0.25 mol/L の硝酸ナトリウム $NaNO_3$ 水溶液が 200 mL ある。この水溶液に $NaNO_3$ を加え，水で希釈することにより，0.12 mol/L の $NaNO_3$ 水溶液 500 mL を調製したい。加える $NaNO_3$ の質量は何 g か。最も適当な数値を，次の ①～⑤ のうちから一つ選べ。

(原子量 N＝14，O＝16，Na＝23)

① 0.85　② 5.1　③ 6.0　④ 9.4　⑤ 15

(2020 センター化学基礎 本試)

解答　問1 ⑤　問2 ③　問3 ①

解説　**問1**　希釈前の塩酸（溶液）全体の質量は，

$1.14\ g/mL \times 10.0\ mL = 11.4\ g$

溶液中に含まれる塩化水素 HCl の質量は，

$$11.4\text{ g}\times\frac{32.0}{100}=3.648\text{ g}$$

希釈後の溶液中にも 3.648 g の HCl が含まれる。希釈後の塩酸のモル濃度は，HCl = 36.5 なので，

$$\frac{\dfrac{3.648\text{ g}}{36.5\text{ g/mol}}}{0.500\text{ L}}=0.1998\text{ mol/L}$$

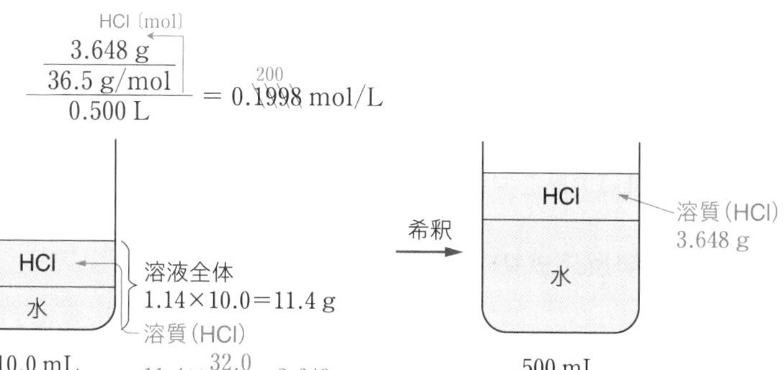

問2　必要な水溶液Aの体積を x〔L〕とおくと，水溶液Bの体積は $(V-x)$〔L〕となる。混合前後の NaCl の総物質量は変わらないので，

$$a\text{〔mol/L〕}\times x\text{〔L〕}+b\text{〔mol/L〕}\times(V-x)\text{〔L〕}=c\text{〔mol/L〕}\times V\text{〔L〕}$$

$$x=\boldsymbol{\frac{V(b-c)}{(b-a)}}\text{〔L〕}$$

問3　新たに加えた硝酸ナトリウム $NaNO_3$ の物質量を x〔mol〕とおく。水で希釈する前後の $NaNO_3$ の総物質量は変わらないので，

$$0.25\text{ mol/L}\times\frac{200}{1000}\text{L}+x\text{〔mol〕}=0.12\text{ mol/L}\times\frac{500}{1000}\text{L}$$

$$x=0.010\text{ mol}$$

加える $NaNO_3$ の質量は，$NaNO_3$＝85 なので，

$$0.010\text{ mol}\times 85\text{ g/mol}=\mathbf{0.85\text{ g}}$$

SUMMARY & CHECK

- ✔溶液の濃度が求められるか。　➡ POINT 1
- ✔溶液の調製方法を理解しているか。　➡ POINT 2
- ✔濃度の単位変換，溶液の希釈・混合の問題が解けるか。　➡ POINT 1, 2

THEME 7 化学反応式と量的関係

GUIDANCE 化学変化が起こると，原子の組み換えが起こり，新たな物質が生成することとなる。共通テストでも，化学反応が起こったときの質量や体積を問う問題が出題される。本 THEME では，化学反応式の書き方を確認した後，量的関係を問う計算問題をマスターしよう。

POINT 1 化学反応式の書き方 ★★★

化学反応が起こると，反応物が生成物に変化する。化学反応を化学式で表したものを**化学反応式**という。化学反応式は以下の手順で書くことができる。

Step 1 反応物の化学式を左側（左辺）に，生成物の化学式を右側（右辺）に書き，両者を ⟶ で結ぶ。

Step 2 両辺で各原子の数が等しくなるように係数を付ける。

Step 3 係数が最も簡単な整数比になるように全体を整数倍する。

EXERCISE 1 ●化学反応式の係数

問 1 次の化学反応式の係数（a ～ c）の組合せとして正しいものを，下の ① ～ ⑧ のうちから一つ選べ。

$$C_2H_4O_2 + aO_2 \longrightarrow bCO_2 + cH_2O$$

	a	b	c
①	2	1	2
②	2	1	4
③	2	2	2
④	2	2	4
⑤	3	1	2
⑥	3	1	4
⑦	3	2	2
⑧	3	2	4

（2016 センター化学基礎 追試）

問2　二酸化窒素の還元に関する次の反応式中の係数（a～d）の組合せとして正しいものを，下の①～⑧のうちから一つ選べ。

$$a\mathrm{NO_2} + b\mathrm{H^+} + c\mathrm{e^-} \longrightarrow \mathrm{N_2} + d\mathrm{H_2O}$$

	a	b	c	d
①	1	4	4	2
②	1	4	8	2
③	1	8	4	4
④	1	8	8	4
⑤	2	4	4	2
⑥	2	4	8	2
⑦	2	8	4	4
⑧	2	8	8	4

（2010 センター化学Ⅰ　追試）

解答　**問1**　③　　**問2**　⑧

解説　**問1**　左辺にCが2個，Hが4個あるため，右辺のCO_2の係数が $b = 2$，H_2Oの係数が $c = 2$ となる。

$$\mathrm{C_2H_4O_2} + a\mathrm{O_2} \longrightarrow 2\mathrm{CO_2} + 2\mathrm{H_2O}$$

右辺にOが $\underset{2CO_2より}{2\times2} + \underset{2H_2Oより}{2} = 6$ 個，左辺の$C_2H_4O_2$にOが2個あるため，残りのOが $6-2=4$ 個となり，O_2の係数が $a = 2$ となる。

$$\mathrm{C_2H_4O_2} + \mathbf{2}\mathrm{O_2} \longrightarrow \mathbf{2}\mathrm{CO_2} + \mathbf{2}\mathrm{H_2O}$$

問2　右辺にNが2個あるため，左辺のNO_2の係数 $a = 2$ となる。

$$2\mathrm{NO_2} + b\mathrm{H^+} + c\mathrm{e^-} \longrightarrow \mathrm{N_2} + d\mathrm{H_2O}$$

左辺にOが $2\times2=4$ 個あるため，右辺のH_2Oの係数 $d = 4$ となる。

$$2\mathrm{NO_2} + b\mathrm{H^+} + c\mathrm{e^-} \longrightarrow \mathrm{N_2} + 4\mathrm{H_2O}$$

右辺にHが $2\times4=8$ 個あるため，左辺のH^+の係数 $b = 8$ となる。また，左辺と右辺の電荷は等しいため，右辺の電荷が0であることから，左辺の電荷も0となるようにするには，e^-の係数 $c = 8$ となる。

$$\mathbf{2}\mathrm{NO_2} + \mathbf{8}\mathrm{H^+} + \mathbf{8}\mathrm{e^-} \longrightarrow \mathrm{N_2} + \mathbf{4}\mathrm{H_2O}$$

POINT 2 化学反応式と量的関係 ★★★

化学反応式の係数の比は，反応する物質の数の比を表している。また，物質量は粒子の個数のまとまりを表している。以上より，**化学反応式の係数の比は，各物質の物質量の比と等しい**ことがいえる。

例 $2C_2H_6 + 7O_2 \longrightarrow 4CO_2 + 6H_2O$

反応する量　0.4 mol　1.4 mol　0.8 mol　1.2 mol ➡ **2：7：4：6 と等しくなる**

EXERCISE 2 ●化学反応式と量的関係

問1 トウモロコシの発酵により生成したエタノール C_2H_5OH を完全燃焼させたところ，44 g の二酸化炭素が生成した。このとき燃焼したエタノールの質量は何 g か。最も適当な数値を，次の ①～⑥ のうちから一つ選べ。(原子量 H＝1.0，C＝12，O＝16)

① 22　② 23　③ 32　④ 44　⑤ 46　⑥ 64

(2017 センター化学基礎 本試)

問2 質量パーセント濃度 3.4% の過酸化水素水 10 g を少量の酸化マンガン(Ⅳ)に加えて，酸素を発生させた。過酸化水素が完全に反応すると，発生する酸素の体積は 0°C，1.013×10^5 Pa で何 L か。最も適当な数値を，次の ①～⑥ のうちから一つ選べ。(原子量 H＝1.0，O＝16)

① 0.056　② 0.11　③ 0.22　④ 0.56　⑤ 1.1
⑥ 2.2

(2012 センター化学Ⅰ 本試)

問3 鉄 Fe は，式(1)に従って，鉄鉱石に含まれる酸化鉄(Ⅲ) Fe_2O_3 の製錬によって工業的に得られている。

$$Fe_2O_3 + 3CO \longrightarrow 2Fe + 3CO_2 \quad \cdots(1)$$

Fe_2O_3 の含有率(質量パーセント)が 48.0% の鉄鉱石がある。この鉄鉱石 1000 kg から，式(1)によって得られる Fe の質量は何 kg か。最も適当な数値を，次の ①～⑥ のうちから一つ選べ。ただし，鉄鉱石中の Fe はすべて Fe_2O_3 として存在し，鉄鉱石中の Fe_2O_3 はすべて Fe に変化するものとする。(原子量 O＝16，Fe＝56)

① 16.8　② 33.6　③ 84.0　④ 168　⑤ 336
⑥ 480

(2022 共通テスト化学基礎 本試)

解答 問1 ② 問2 ② 問3 ⑤

解説 **問1** エタノールを完全燃焼させると，二酸化炭素 CO_2 と水 H_2O を生じる。エタノールの完全燃焼の化学反応式は以下の通り。

$$C_2H_5OH + 3O_2 \longrightarrow 2CO_2 + 3H_2O$$

化学反応式より，二酸化炭素 CO_2 が 1 mol 生成するためには，エタノール C_2H_5OH $\frac{1}{2}$ mol が燃焼する必要がある。よって，44 g の二酸化炭素が生成したときに燃焼したエタノールの質量は，$CO_2=44$，$C_2H_5OH=46$ なので，

$$\underbrace{\frac{44\ \text{g}}{44\ \text{g/mol}}}_{CO_2\,[\text{mol}]} \times \underbrace{\frac{1}{2}}_{C_2H_5OH\,[\text{mol}]} \times 46\ \text{g/mol} = \mathbf{23\ g}$$

問2 水溶液中の過酸化水素 H_2O_2 の物質量は，$H_2O_2=34$ より，

$$\frac{10\ \text{g} \times \frac{3.4}{100}}{34\ \text{g/mol}} = 0.010\ \text{mol}$$

過酸化水素の分解反応は，次の(※)式で表されるため，H_2O_2 1 mol から得られる O_2 は $\frac{1}{2}$ mol である。

$$2H_2O_2 \longrightarrow 2H_2O + O_2 \quad \cdots\cdots(※)$$

発生する O_2 の 0℃，1.013×10^5 Paにおける体積は，

$$\underbrace{0.010\ \text{mol} \times \frac{1}{2}}_{O_2\,[\text{mol}]} \times 22.4\ \text{L/mol} = \mathbf{0.112\ L}$$

問3 1000 kg の鉄鉱石中に含まれる Fe_2O_3 の質量は，

$$1000 \times \frac{48.0}{100} = 480\ \text{kg}$$

化学反応式より，Fe_2O_3 1 mol から得られる Fe は 2 mol である。よって，480 kg の Fe_2O_3 から生成する Fe の質量は，$Fe_2O_3=160$ なので，

$$\underbrace{\frac{480 \times 10^3\ \text{g}}{160\ \text{g/mol}}}_{Fe_2O_3\,[\text{mol}]} \underbrace{\times 2}_{Fe\,[\text{mol}]} \underbrace{\times 56\ \text{g/mol}}_{Fe\,[\text{g}]} \underbrace{\times 10^{-3}}_{Fe\,[\text{kg}]} = \mathbf{336\ kg}$$

CHAPTER 2 物質量と化学反応式

EXERCISE 3 ●量的関係のグラフ

0.020 mol の亜鉛 Zn に濃度 2.0 mol/L の塩酸を加えて反応させた。このとき，加えた塩酸の体積と発生した水素の体積の関係は**図 1** のようになった。ここで，発生した水素の体積は 0°C，1.013×10^5 Pa の状態における値である。図中の体積 V_1〔L〕と V_2〔L〕はそれぞれ何 L か。V_1 と V_2 の数値の組合せとして最も適当なものを，下の ①～⑥ のうちから一つ選べ。

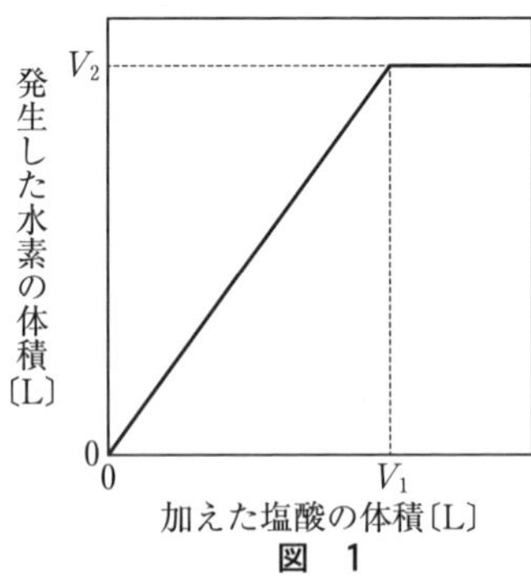

図 1

	V_1〔L〕	V_2〔L〕
①	0.020	0.90
②	0.020	0.45
③	0.020	0.22
④	0.010	0.90
⑤	0.010	0.45
⑥	0.010	0.22

(2019 センター化学基礎 本試)

解答 ②

解説 亜鉛 Zn を塩酸 HCl に溶かすと，塩化亜鉛 $ZnCl_2$ と水素 H_2 を生じる。亜鉛と塩酸の反応の化学反応式は以下の通り。

$$Zn + 2HCl \longrightarrow ZnCl_2 + H_2$$

化学反応式より，Zn 1 mol と反応する HCl が 2 mol である。亜鉛 Zn 0.020 mol がすべて反応したとき，水素の発生が止まる。よって，グラフより，Zn 0.020 mol と反応する塩酸の体積 V_1〔L〕は，

$$\underbrace{0.020\ \text{mol}}_{\text{Zn〔mol〕}} \underbrace{\times 2}_{\text{係数より}} = \underbrace{2.0\ \text{mol/L} \times V_1\ \text{〔L〕}}_{\text{HCl〔mol〕}}$$

$V_1 = \mathbf{0.020\ L}$

Zn 1 mol から発生する H_2 が 1 mol なので，Zn 0.020 mol から発生する水素 H_2 の体積は，

$V_2 = 0.020\ \text{mol} \times 22.4\ \text{L/mol} = \mathbf{0.448\ L}$

EXERCISE 4 ●混合気体の燃焼

一酸化炭素とエタンの混合気体を，触媒の存在下で十分な量の酸素を用いて完全に酸化したところ，二酸化炭素 0.045 mol と水 0.030 mol が生成した。反応前の混合気体中の一酸化炭素とエタンの物質量〔mol〕の組合せとして正しいものを，次の①～⑥のうちから一つ選べ。

	一酸化炭素の物質量〔mol〕	エタンの物質量〔mol〕
①	0.030	0.015
②	0.030	0.010
③	0.025	0.015
④	0.025	0.010
⑤	0.015	0.015
⑥	0.015	0.010

(2002 センター化学ⅠB 本試)

解答 ④

解説 一酸化炭素 CO とエタン C_2H_6 の完全燃焼の化学反応式は次のように表される。

$$\underset{x}{2CO} + O_2 \longrightarrow \underset{x\ \text{〔mol〕}}{2CO_2}$$

$$\underset{y}{2C_2H_6} + 7O_2 \longrightarrow \underset{2y}{4CO_2} + \underset{3y\ \text{〔mol〕}}{6H_2O}$$

反応前の混合気体中の一酸化炭素 CO の物質量を x〔mol〕，エタン C_2H_6 の物質量を y〔mol〕とする。発生した二酸化炭素 CO_2 の物質量より，

$x + 2y = 0.045\ \text{mol}$ …(1)

また，生成した水 H_2O の物質量より，

$3y = 0.030\ \text{mol}$ …(2)

(1)式，(2)式より，

$x = 0.025\ \text{mol},\ \ y = 0.010\ \text{mol}$

よって，反応前の混合気体は**一酸化炭素が 0.025 mol，エタンが 0.010 mol** 含まれるとわかる。

過不足のある反応

反応物に過不足がある，すなわち，反応物のうちの片方が残る反応では，すべて反応する物質を基準にして反応量を考えていく必要がある。**化学反応式の下に「反応前」「反応量」「反応後」の物質量の関係をまとめる**とわかりやすい。

例 0.20 mol の水素と 0.20 mol の酸素を反応させる場合

H_2：O_2 ＝ 2：1 の物質量比で反応するため，H_2 がすべて反応する。

	$2H_2$	＋ O_2	⟶ $2H_2O$	
(反応前)	0.20	0.20	0	〔mol〕
(反応量)	−0.20	−0.10	＋0.20	←(反応量) が化学反応式の係数と比例
(反応後)	0	0.10	0.20	

↑ H_2 はすべて反応　↑ O_2 は余る

EXERCISE 5 ●過不足のある反応

問1 ナトリウム Na 0.92 g を水 H_2O 90 g に加えて反応させたとき，何 g の水素が発生するか。最も適当な数値を，次の①～⑥のうちから一つ選べ。(原子量 H＝1.0，O＝16，Na＝23)

① 0.020　② 0.040　③ 0.46　④ 0.92　⑤ 2.5
⑥ 5.0

(2020 センター化学基礎 追試)

問2 0°C，1.013×10^5 Pa で 10 mL のメタン CH_4 と 40 mL の酸素 O_2 を混合し，メタンを完全燃焼させた。燃焼前後の気体の体積を 0°C，1.013×10^5 Pa で比較するとき，その変化に関する記述として最も適当なものを，次の①～⑤のうちから一つ選べ。ただし，生成した水は，すべて液体であるとする。

① 20 mL 減少する。　② 10 mL 減少する。
③ 変化しない。　④ 10 mL 増加する。
⑤ 20 mL 増加する。

(2011 センター化学Ⅰ 本試)

解答 問1 ②　問2 ①

解説 問1 反応前のそれぞれの物質量は，Na＝23，H_2O＝18 なので，

$$\text{Na}\quad \frac{0.92\ \text{g}}{23\ \text{g/mol}} = 0.040\ \text{mol}$$

$$H_2O\quad \frac{90\ \text{g}}{18\ \text{g/mol}} = 5.0\ \text{mol}$$

ナトリウムに水を加えると，水素が発生する。反応式の係数より，Na：H_2O =1：1 の物質量比で反応するため，Na がすべて反応する。反応前後の物質量の関係をまとめると，

	2Na	+ 2H_2O	⟶ 2NaOH	+ H_2	
（反応前）	0.040	5.0	0	0	〔mol〕
（反応量）	−0.040	−0.040	+0.040	+0.020	
（反応後）	0	4.96	0.040	0.020	

発生した水素 H_2 の質量は，H_2 = 2.0 なので，

0.020 mol × 2.0 g/mol = **0.040 g**

問2　0℃，1.013×10^5 Pa では，気体の体積と物質量は比例するため，**気体の体積比と化学反応式の係数比**は等しくなる。

メタン CH_4 を完全燃焼させると，二酸化炭素 CO_2 と水 H_2O が生じる。反応式の係数より，CH_4：O_2 = 1：2 の体積比で反応するため，CH_4 がすべて反応する。反応前後の気体の体積の関係をまとめると，

	CH_4	+ 2O_2	⟶ CO_2	+ 2H_2O	
（反応前）	10	40	0	0	〔mL〕
（反応量）	−10	−20	+10	(+20)	
（反応後）	0	20	10	(20) ↑ すべて液体で存在	

反応前の気体の体積が 10 + 40 = 50 mL であり，反応後の気体の体積が 20 + 10 = 30 mL であるため，反応前後で気体の体積は 50 − 30 = **20 mL 減少**する。

EXERCISE 6 ●沈殿反応と物質量

ある量の塩化カルシウム $CaCl_2$ と臭化カルシウム $CaBr_2$ を完全に溶かした水溶液に，十分な量の硫酸ナトリウム Na_2SO_4 水溶液を加えると 8.6 g の硫酸カルシウム二水和物 $CaSO_4 \cdot 2H_2O$（式量 172）の沈殿が得られた。水溶液中の臭化物イオンの物質量が 0.024 mol であったとすると，溶かした $CaCl_2$ の物質量は何 mol か。最も適当な数値を，次の ①～⑤ のうちから一つ選べ。ただし，水溶液中のカルシウムイオンはすべて $CaSO_4 \cdot 2H_2O$ として沈殿したものとする。

① 0.002　② 0.019　③ 0.026　④ 0.038　⑤ 0.051

（2020 センター化学基礎 本試）

解答 ④

解説 物質量が**個数のまとまり**であることに着目すると解きやすい。

硫酸カルシウム二水和物 $CaSO_4 \cdot 2H_2O$ の物質量は，

$$\frac{8.6\ \mathrm{g}}{172\ \mathrm{g/mol}} = 0.050\ \mathrm{mol}$$

$CaBr_2$ 1 mol に Br^- は 2 mol 含まれるため，水溶液中の臭化物イオン Br^- が 0.024 mol 存在するとき，$CaBr_2$ は $0.024 \times \frac{1}{2} = 0.012$ mol 溶かしたことになる。

Ca^{2+} の物質量は沈殿生成の前後で変わらないので，**沈殿する前の $CaCl_2$ と $CaBr_2$ の物質量の和と沈殿した $CaSO_4 \cdot 2H_2O$ の物質量は等しい**。よって，溶かした $CaCl_2$ の物質量は，

$$0.050 - 0.012 = \mathbf{0.038\ mol}$$

SUMMARY & CHECK

- ✔化学反応式が書けるか。　➡ POINT 1
- ✔化学反応の量的関係に関する計算問題が解けるか。　➡ POINT 2
- ✔過不足のある反応の量的関係に関する計算問題が解けるか。　➡ POINT 2

チャレンジテスト（大学入学共通テスト実戦演習） 2

→解答は別冊 p.4

1 ある金属元素Mが，その酸化物中でとる酸化数は一つである。この金属元素の単体Mと酸素 O_2 から生成する金属酸化物 M_xO_y の組成式を求めるために，次の**実験**を考えた。

実験 Mの物質量と O_2 の物質量の和を 3.00×10^{-2} mol に保ちながら，Mの物質量を0から 3.00×10^{-2} mol まで変化させ，それぞれにおいてMと O_2 を十分に反応させたのち，生成した M_xO_y の質量を測定する。

実験で生成する M_xO_y の質量は，用いるMの物質量によって変化する。**図1**は，生成する M_xO_y の質量について，その最大の測定値を1と表し，他の測定値を最大値に対する割合（相対値）として示している。**図1**の結果が得られる M_xO_y の組成式として最も適当なものを，後の①～⑤のうちから一つ選べ。

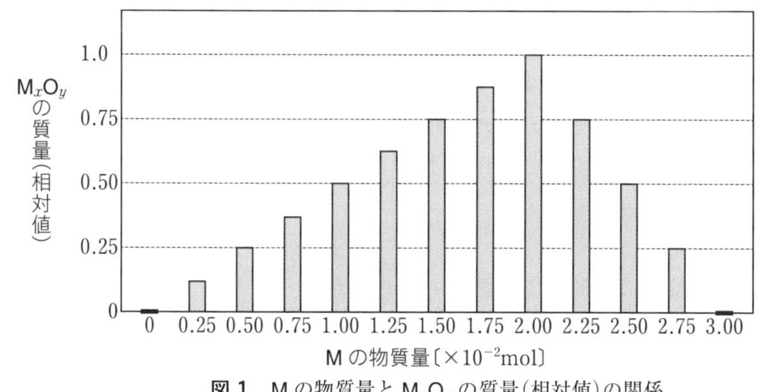

図1 Mの物質量と M_xO_y の質量（相対値）の関係

① MO　② MO_2　③ M_2O　④ M_2O_3　⑤ M_2O_5

（2022 共通テスト化学 本試）

2　次の文章を読み，問い（**問1～3**）に答えよ。

ヒトのからだは，成人で体重の約60％を水が占めており，体重50 kgの人なら約30 Lの水が体内に存在する。こうした水によって，生命活動に必要な電解質の濃度が維持されている。また，点滴などに用いられている生理食塩水は，塩化ナトリウムを水に溶かしたもので，ヒトの体液と塩分濃度がほぼ等しい水溶液であり，10 mLの生理食塩水にはナトリウムイオンが35 mg含まれている。一方，ヒトは1日あたり約2 Lの水を体外に排出するので，それを食物や(a)<u>飲料</u>などで補給している。（原子量 Na＝23）

問1　1.0 Lの生理食塩水に含まれるナトリウムイオンの物質量は何molか。最も適当な数値を，次の①～④のうちから一つ選べ。

①　0.060　　②　0.10　　③　0.15　　④　0.35

問2　生理食塩水に関する記述として**誤りを含むもの**を，次の①～④のうちから一つ選べ。

①　純粋な水と同じ温度で凍る。
②　硝酸銀水溶液を加えると，白色の沈殿を生じる。
③　ナトリウムイオンと塩化物イオンの数は等しい。
④　黄色の炎色反応を示す。

問3　下線部(a)に関連して，**図1**のラベルが貼ってある3種類の飲料水**X**～**Z**のいずれかが，コップ**I**～**III**にそれぞれ入っている。どのコップにどの飲料水が入っているかを見分けるために，BTB（ブロモチモールブルー）溶液と**図2**のような装置を用いて実験を行った。その結果を**表1**に示す。

飲料水X

名称：ボトルドウォーター	
原材料名：水（鉱水）	
栄養成分（100 mL あたり）	
エネルギー	0 kcal
たんぱく質・脂質・炭水化物	0 g
ナトリウム	0.8 mg
カルシウム	1.3 mg
マグネシウム	0.64 mg
カリウム	0.16 mg
pH 値　8.8～9.4　硬度　59 mg/L	

飲料水Y

名称：ナチュラルミネラルウォーター	
原材料名：水（鉱水）	
栄養成分（100 mL あたり）	
エネルギー	0 kcal
たんぱく質・脂質・炭水化物	0 g
ナトリウム	0.4～1.0 mg
カルシウム	0.6～1.5 mg
マグネシウム	0.1～0.3 mg
カリウム	0.1～0.5 mg
pH 値　約 7　硬度　約 30 mg/L	

飲料水Z

名称：ナチュラルミネラルウォーター	
原材料名：水（鉱水）	
栄養成分（100 mL あたり）	
たんぱく質・脂質・炭水化物	0 g
ナトリウム	1.42 mg
カルシウム	54.9 mg
マグネシウム	11.9 mg
カリウム	0.41 mg
pH 値　7.2　硬度　約 1849 mg/L	

図1

表1　実験操作とその結果

	BTB 溶液を加えて色を調べた結果	図2の装置を用いて電球がつくか調べた結果
コップⅠ	緑	ついた
コップⅡ	緑	つかなかった
コップⅢ	青	つかなかった

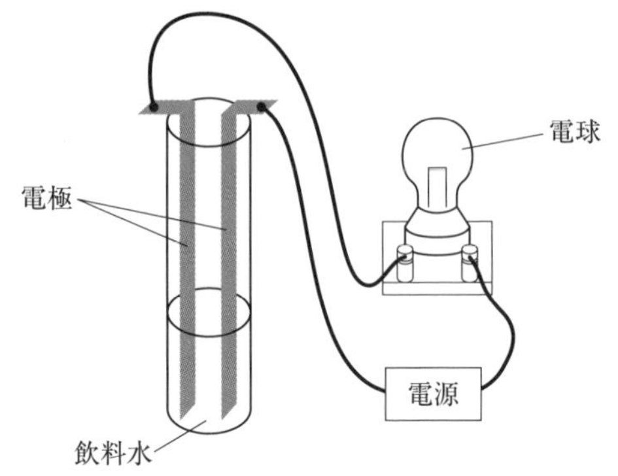

図2

コップⅠ～Ⅲに入っている飲料水X～Zの組合せとして最も適当なものを，次の①～⑥のうちから一つ選べ。ただし，飲料水X～Zに含まれる陽イオンはラベルに示されている元素のイオンだけとみなすことができ，水素イオンや水酸化物イオンの量はこれらに比べて無視できるものとする。

	コップⅠ	コップⅡ	コップⅢ
①	X	Y	Z
②	X	Z	Y
③	Y	X	Z
④	Y	Z	X
⑤	Z	X	Y
⑥	Z	Y	X

（大学入学共通テスト試行調査 化学基礎）

3 イオン結晶の性質に関する次の問い（**問1**・**問2**）に答えよ。

問1 次の文章を読み，下の問い（**a**・**b**）に答えよ。

(a)イオン結晶の性質は，イオン結晶を構成する陽イオンと陰イオンの組合せにより決まる。硝酸カリウム KNO_3 や硝酸カルシウム $Ca(NO_3)_2$ などのイオン結晶は水によく溶ける。

a 下線部(a)に関連して，イオン結晶中の金属イオンの大きさの違いを説明した次の文章中の［ア］～［ウ］に当てはまる語として最も適当なものを，下の①～⑦のうちから一つずつ選べ。

カリウムイオン K^+ とカルシウムイオン Ca^{2+} はアルゴンと同じ電子配置をもつが，イオンの大きさ（半径）は Ca^{2+} の方が K^+ よりも小さい。これは，Ca^{2+} では，原子核中に存在する粒子である陽子の数が K^+ より［ア］，原子核の［イ］電荷が大きいためである。その結果，Ca^{2+} では［ウ］が静電気的な引力によって強く原子核に引きつけられる。

① 少なく　② 多く　③ 正　④ 負　⑤ 電子
⑥ 陽子　⑦ 中性子

b KNO_3（式量 101）の溶解度は，**図1**に示すように，温度による変化が大きい。40℃ の KNO_3 の飽和水溶液 164 g を 25℃ まで冷却するとき，結晶として析出する KNO_3 の物質量は何 mol か。最も適当な数値を，次の①～⑥のうちから一つ選べ。

① 0.26　② 0.38　③ 0.63　④ 1.0　⑤ 1.3　⑥ 1.6

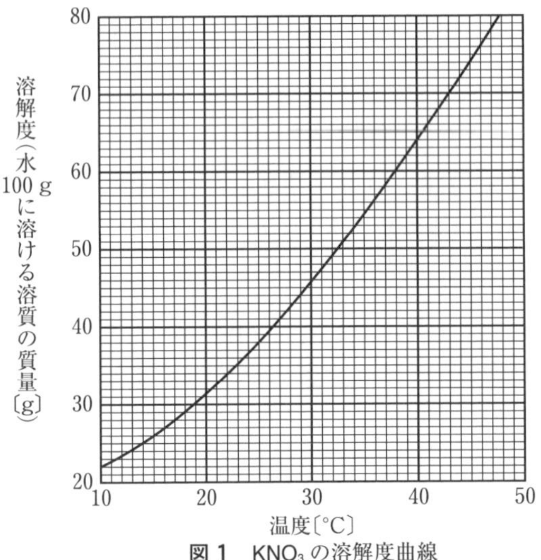

図1　KNO_3の溶解度曲線

問2　水溶液中のイオンの濃度は，電気の通しやすさで測定することができる。硫酸銀 Ag_2SO_4 および塩化バリウム $BaCl_2$ は，水に溶解して電解質水溶液となり電気を通す。一方，Ag_2SO_4 水溶液と $BaCl_2$ 水溶液を混合すると，次の反応によって塩化銀 AgCl と硫酸バリウム $BaSO_4$ の沈殿が生じ，水溶液中のイオンの濃度が減少するため電気を通しにくくなる。

$$Ag_2SO_4 + BaCl_2 \longrightarrow BaSO_4\downarrow + 2AgCl\downarrow$$

この性質を利用した次の**実験**に関する問いに答えよ。

実験　0.010 mol/L の Ag_2SO_4 水溶液 100 mL に，濃度不明の $BaCl_2$ 水溶液を滴下しながら混合溶液の電気の通しやすさを調べたところ，**表1**に示す電流（μA）が測定された。ただし，$1\ \mu A = 1\times10^{-6}$ A である。

表1　$BaCl_2$ 水溶液の滴下量と電流の関係

$BaCl_2$ 水溶液の滴下量〔mL〕	電流〔μA〕
2.0	70
3.0	44
4.0	18
5.0	13
6.0	41
7.0	67

この**実験**において，Ag_2SO_4 を完全に反応させるのに必要な $BaCl_2$ 水溶液は何 mL か。最も適当な数値を，次の ① ～ ⑤ のうちから一つ選べ。必要があれば，下の方眼紙を使うこと。

① 3.6　② 4.1　③ 4.6　④ 5.1　⑤ 5.6

（2021 共通テスト化学基礎 第 2 日程）

4 18世紀の後半から，化学の基本法則が次々と発見され，物質に対する理解が深まった。化学の基本法則を利用して原子量を求める実験と，原子量を利用して物質の組成を求める実験に関する次の問い（**問1～3**）に答えよ。（原子量 C＝12，O＝16，Ne＝20，Mg＝24，Ca＝40）

問1 アボガドロは，気体の種類によらず，同温・同圧で同体積の気体には，同数の分子が含まれるという仮説を提唱した。この仮説は，今日ではアボガドロの法則として知られている。次の**実験Ⅰ**は，アボガドロの法則に基づいて，貴ガス（希ガス）元素の一つであるクリプトン Kr の原子量を求めることを目的としたものである。

実験Ⅰ ネオン Ne 1.00 g が入った容器がある。大きさと質量が等しい別の容器に，同温・同圧で同じ体積の Kr を入れ，両方の容器を上皿天秤（びん）にのせた。両方の皿がつり合うには，**図1**に示すように，Ne が入った容器をのせた皿に 3.20 g の分銅が必要であった。

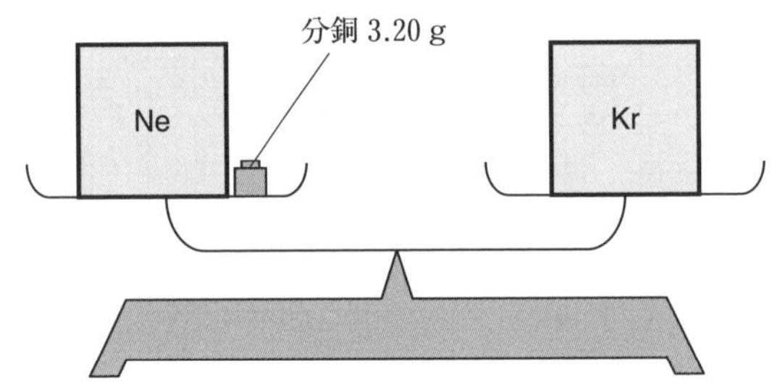

図1 上皿天秤を用いた実験の模式図

Ne と Kr の原子は，いずれも最外殻電子の数が［ア］個である。これらの原子は，他の原子と反応したり結合をつくったりしにくい。このため，価電子の数は［イ］個とみなされる。Ne と Kr はいずれも単原子分子として存在するので，Ne の原子量が 20 であることを用いて，Kr の原子量を求めることができる。次の問い（**a**～**c**）に答えよ。

a 空欄［ア］・［イ］に当てはまる数字として最も適当なものを，次の①～⓪のうちから一つずつ選べ。ただし，同じものを繰り返し選んでもよい。

① 1　② 2　③ 3　④ 4　⑤ 5　⑥ 6　⑦ 7
⑧ 8　⑨ 9　⓪ 0

b　**実験 I** で用いた Kr は，0°C，1.013×10^5 Pa で何 L か。最も適当な数値を，次の ①～④ のうちから一つ選べ。

① 0.560　　② 1.12　　③ 1.68　　④ 2.24

c　**実験 I** の結果から求められる Kr の原子量はいくらか。Kr の原子量を 2 桁の整数で表すとき，[1] と [2] に当てはまる数字を，次の ①～⓪ のうちから一つずつ選べ。ただし，同じものを繰り返し選んでもよい。また，Kr の原子量が 1 桁の場合には，[1] には ⓪ を選べ。

[1][2]

① 1　　② 2　　③ 3　　④ 4　　⑤ 5　　⑥ 6　　⑦ 7
⑧ 8　　⑨ 9　　⓪ 0

問２　プルーストは，一つの化合物を構成している成分元素の質量の比は，常に一定であるという定比例の法則を提唱した。次の**実験Ⅱ**は，炭酸ストロンチウム $SrCO_3$ を強熱すると，次の式(1)に示すように，固体の酸化ストロンチウム SrO と二酸化炭素 CO_2 に分解することを利用して，ストロンチウム Sr の原子量を求めることを目的としたものである。

$$SrCO_3 \longrightarrow SrO + CO_2 \quad \cdots(1)$$

実験Ⅱ　細かくすりつぶした $SrCO_3$ をはかりとり，十分な時間強熱した。用いた $SrCO_3$ の質量と加熱後に残った固体の質量との関係は，**表１**のようになった。

表１　用いた $SrCO_3$ と加熱後に残った固体の質量

用いた $SrCO_3$ の質量〔g〕	0.570	1.140	1.710
加熱後に残った固体の質量〔g〕	0.400	0.800	1.200

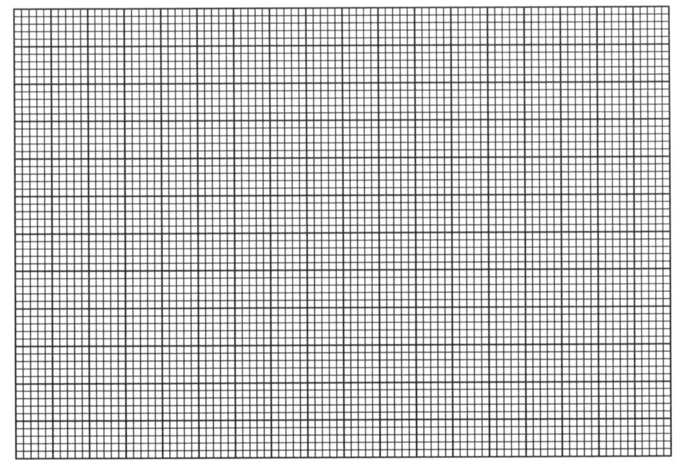

式(1)の反応では，分解する $SrCO_3$ と生じる SrO の質量の［ウ］は，発生する CO_2 の質量に等しい。また，生じる SrO と CO_2 の質量の［エ］は，分解する $SrCO_3$ の量にかかわらず一定となる。したがって，炭素Cと酸素Oの原子量を用いて，Sr の原子量を求めることができる。次の問い（**a**・**b**）に答えよ。必要であれば方眼紙を用いてよい。

a　空欄 ウ ・ エ に当てはまる語の組合せとして最も適当なものを，次の①～⑥のうちから一つ選べ。

	ウ	エ
①	和	和
②	和	差
③	和	比
④	差	和
⑤	差	差
⑥	差	比

b　**実験Ⅱ**の結果から求められる Sr の原子量はいくらか。最も適当な数値を，次の①～⑥のうちから一つ選べ。ただし，加熱によりすべての $SrCO_3$ が反応したものとする。

①　76　　②　80　　③　88　　④　96　　⑤　104　　⑥　120

問3　ドロマイトは，炭酸マグネシウム $MgCO_3$（式量 84）と炭酸カルシウム $CaCO_3$（式量 100）を主成分とする岩石である。これらの炭酸塩を加熱すると，前問の式(1)と同様の反応が起こり，CO_2 を放出して，それぞれマグネシウム Mg とカルシウム Ca の酸化物に変化する。

次の**実験Ⅲ**は，$MgCO_3$ と $CaCO_3$ のみからなる，ドロマイトを模した試料**A**中の Mg の物質量 n_{Mg} と Ca の物質量 n_{Ca} の比を求めることを目的としたものである。

実験Ⅲ　細かくすりつぶした試料**A** 14.2 g をはかりとり，十分な時間強熱したところ，7.6 g の固体が得られた。

Mg と Ca の物質量の比 $n_{Mg}:n_{Ca}$ を整数比で表したものとして最も適当なものを，次の①～⑦のうちから一つ選べ。ただし，加熱により炭酸塩のすべてが反応して，固体の酸化物に変化したものとする。

①　1：1　　②　1：2　　③　1：3　　④　2：1　　⑤　2：3
⑥　3：1　　⑦　3：2

（2022 共通テスト化学基礎 追試）

CHAPTER 3

酸と塩基

THEME
8 酸と塩基，pH

GUIDANCE 身のまわりの物質には，お酢やレモン汁のように酸性を示すもの，セッケン水のようにアルカリ性（塩基性）を示すものがある。本 THEME では酸と塩基の定義，種類，性質を理解し，pH の計算をマスターしよう。

POINT 1 酸と塩基の定義 ★★☆

酸と塩基をはじめて定義したのは**アレニウス**である。アレニウスは，「**酸**とは水に溶けて**水素イオン H^+ を生じる物質**，**塩基**とは水に溶けて**水酸化物イオン OH^- を生じる物質**」と定義した。

その定義を拡張したのが**ブレンステッド**と**ローリー**である。ブレンステッドとローリーは，「**酸**とは**水素イオン H^+ を与える物質**，**塩基**とは**水素イオン H^+ を受け取る物質**」と定義した。

	酸	塩基
アレニウスの定義	H^+ を生じる物質	OH^- を生じる物質
ブレンステッド・ローリーの定義	H^+ を与える物質	H^+ を受け取る物質

EXERCISE 1 ●ブレンステッド・ローリーの定義

次の反応**ア**～**エ**のうち，下線を付した分子やイオンが酸としてはたらいているものはどれか。正しく選択しているものを，後の①～⑥のうちから一つ選べ。

ア $\underline{CO_3^{2-}} + H_2O \rightleftarrows HCO_3^- + OH^-$

イ $CH_3COO^- + \underline{H_2O} \rightleftarrows CH_3COOH + OH^-$

ウ $\underline{HSO_4^-} + H_2O \rightleftarrows SO_4^{2-} + H_3O^+$

エ $NH_4^+ + \underline{H_2O} \rightleftarrows NH_3 + H_3O^+$

① **ア**，**イ**　② **ア**，**ウ**　③ **ア**，**エ**
④ **イ**，**ウ**　⑤ **イ**，**エ**　⑥ **ウ**，**エ**

（2022 共通テスト化学基礎 本試）

解答 ④

解説 **ア** CO_3^{2-} は H^+ を受け取り HCO_3^- に変化するため，**塩基**としてはたらいている。
イ　H_2O は H^+ を与え OH^- に変化するため，**酸**としてはたらいている。
ウ　HSO_4^- は H^+ を与え SO_4^{2-} に変化するため，**酸**としてはたらいている。
エ　H_2O は H^+を受け取り H_3O^+ に変化するため，**塩基**としてはたらいている。

POINT 2　酸と塩基の価数と強弱　★★

(1)　酸，塩基の価数

酸の化学式の中で，**電離して H^+ になることのできるHの数**を**酸の価数**という。HCl は 1 価の酸，H_2SO_4は 2 価の酸である。

また，塩基の化学式の中で，**電離して OH^- になることのできる OH の数**，または**受け取ることのできる H^+ の数**を**塩基の価数**という。NaOH は 1 価の塩基，$Ca(OH)_2$ は 2 価の塩基である。NH_3 は H^+ を 1 個受け取り NH_4^+ になるため，1 価の塩基である。

(2)　酸，塩基の強弱

塩酸 HCl や水酸化ナトリウム NaOH のように，水溶液中で**ほぼ完全に電離している酸，塩基**を**強酸**，**強塩基**という。

$$HCl \longrightarrow H^+ + Cl^-$$

$$NaOH \longrightarrow Na^+ + OH^-$$

それに対し，酢酸 CH_3COOH やアンモニア NH_3 のように，水溶液中で**ごく一部しか電離していない酸，塩基**を**弱酸**，**弱塩基**という。

$$CH_3COOH \rightleftarrows CH_3COO^- + H^+$$

$$NH_3 + H_2O \rightleftarrows NH_4^+ + OH^-$$

注　弱酸，弱塩基の電離は $\rightleftarrows$ で表す。

酸，塩基の種類，価数と強弱は覚えておかなければならない。“強塩基は，**アルカリ金属，Ca 以下のアルカリ土類金属の水酸化物**”と覚えておくとよい。

	強酸	弱酸	強塩基	弱塩基
1 価	HCl（塩酸） HNO_3（硝酸）	CH_3COOH （酢酸）	NaOH KOH	NH_3 （アンモニア）
2 価	H_2SO_4（硫酸）	H_2CO_3（炭酸） $(COOH)_2$ （シュウ酸）	$Ca(OH)_2$ $Ba(OH)_2$	$Cu(OH)_2$ $Mg(OH)_2$
3 価		H_3PO_4（リン酸）		

EXERCISE 2 ●酸と塩基

酸と塩基に関する記述として**誤りを含むもの**を，次の①～④のうちから一つ選べ。

① 水に溶かすと電離して水酸化物イオン OH^- を生じる物質は，塩基である。

② 水素イオン H^+ を受け取る物質は，酸である。

③ 水は，酸としても塩基としてもはたらく。

④ 0.1 mol/L 酢酸水溶液中の酢酸の電離度は，同じ濃度の塩酸中の塩化水素の電離度より小さい。

（2012 センター化学Ⅰ 本試）

解答 ②

解説 ① 水に溶かすと電離して水酸化物イオン OH^- を生じる物質は**塩基**である。正しい。

② 水素イオン H^+ を受け取る物質は**塩基**である。誤り。

③ 水は，以下のようにブレンステッド・ローリーの定義では酸としても塩基としてもはたらく。正しい。

酸 としてはたらく例：$NH_3 + H_2O \rightleftarrows NH_4^+ + OH^-$

塩基としてはたらく例：$HCl + H_2O \longrightarrow H_3O^+ + Cl^-$

④ **弱酸**である酢酸は，**強酸**である塩酸よりも電離しにくいため，電離度が小さい。正しい。

EXERCISE 3 ●酸，塩基の性質

次の文章中の空欄（ア ～ ウ）に当てはまる語，化合物，およびイオンの組合せとして最も適当なものを，下の①～⑧のうちから一つ選べ。

ア 色リトマス紙の中央に イ の水溶液を1滴たらしたところ，リトマス紙は変色した。**図1**のように，このリトマス紙をろ紙の上に置き，電極に直流電圧をかけた。変色した部分はしだいに左側にひろがった。この変化から，ウ が左側へ移動したことがわかる。

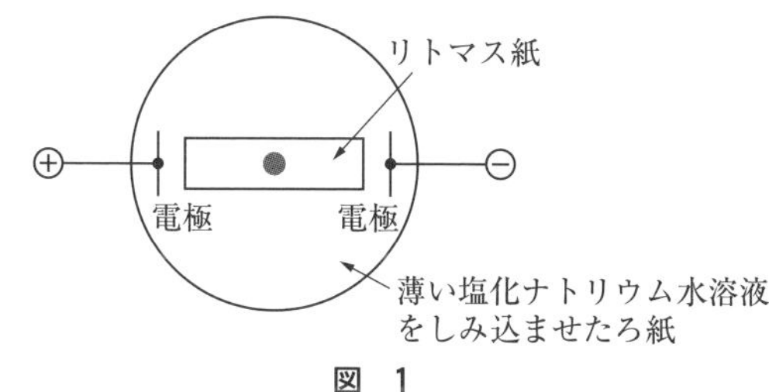

図 1

	ア	イ	ウ
①	青	NaOH	Na^+
②	青	NaOH	OH^-
③	青	HCl	H^+
④	青	HCl	Cl^-
⑤	赤	NaOH	Na^+
⑥	赤	NaOH	OH^-
⑦	赤	HCl	H^+
⑧	赤	HCl	Cl^-

（2010 センター化学Ⅰ 本試）

解答 ⑥

解説 直流電圧をかけると変色した部分が左側に広がることから，**陰イオンが陽極に引きよせられた**と考えられる。リトマス紙を変色させる陰イオンは **OH^-** であるため，リトマス紙にたらした水溶液は **NaOH 水溶液**であるとわかる。また，NaOH 水溶液は塩基性であるため**赤色**リトマス紙を青色に変色させたとわかる。

POINT 3 電離度 

水溶液中で酸または塩基がどの程度電離したかは，電離度 α を用いて表すことができる。

$$\textbf{電離度}\ \alpha = \frac{\text{電離した酸（または塩基）の物質量〔mol〕}}{\text{溶解した酸（または塩基）の物質量〔mol〕}} \quad (0 < \alpha \leqq 1)$$

水溶液中では体積が一定であるため，物質量〔mol〕ではなく**モル濃度〔mol/L〕**で求めることもできる。

例 0.10 mol/L 酢酸水溶液中の水素イオン濃度は 0.0020 mol/L である。酢酸は 1 価の酸なので，

$$\text{電離度}\ \alpha = \frac{0.0020\ \text{mol/L}}{0.10\ \text{mol/L}} = 0.020$$

EXERCISE 4 ●電離度

0.10 mol/L の酢酸水溶液 1.0 L には，電離してできた酢酸イオンが何個あるか。最も適当な数値を，次の ①～⑥ のうちから一つ選べ。ただし，この水溶液中の酢酸の電離度は 1.6×10^{-2}，アボガドロ定数は 6.0×10^{23} /mol とする。

① 4.8×10^{20}　② 9.6×10^{20}　③ 1.9×10^{21}
④ 4.8×10^{21}　⑤ 9.6×10^{21}　⑥ 5.9×10^{22}

（2019 センター化学基礎 追試）

解答 ②

解説 酢酸は弱酸であるため，水溶液中では以下のようにその一部のみが電離する。

$$CH_3COOH \rightleftarrows CH_3COO^- + H^+$$

酢酸水溶液 1.0 L 中に存在する酢酸イオン CH_3COO^- の物質量は，

$$0.10\ \text{mol/L} \times 1.0\ \text{L} \times 1.6 \times 10^{-2} = 1.6 \times 10^{-3}\ \text{mol}$$

その個数は，

$$1.6 \times 10^{-3}\ \text{mol} \times 6.0 \times 10^{23}\ \text{個/mol} = \mathbf{9.6 \times 10^{20}\ 個}$$

POINT 4 水素イオン濃度と pH ★★

水溶液中では，**水素イオン濃度 $[H^+]$ と水酸化物イオン濃度 $[OH^-]$ の積は一定**に保たれ，その値は 25℃ で $1.0\times10^{-14}\ mol^2/L^2$ となることが知られている。

$$[H^+][OH^-] = 1.0\times10^{-14}\ mol^2/L^2$$

注 この数値を**水のイオン積**という。(「化学」の範囲)

水は，以下のように電離する。

$$H_2O \rightleftarrows H^+ + OH^-$$

よって，純水中の $[H^+]$ と $[OH^-]$ の値は等しく，その値は，

$$[H^+] = [OH^-] = 1.0\times10^{-7}\ mol/L$$

と求められる。これが**中性**である。

純水に**酸**を加えると **$[H^+]$ が増加するため，$[OH^-]$ が減少**する。それに対し，純水に**塩基**を加えると **$[OH^-]$ が増加するため，$[H^+]$ が減少**する。このことから，25℃ における各液性のイオン濃度の関係は以下のようになる。

酸　性	$[H^+] > 1.0\times10^{-7}\ mol/L > [OH^-]$
中　性	$[H^+] = 1.0\times10^{-7}\ mol/L = [OH^-]$
塩基性	$[H^+] < 1.0\times10^{-7}\ mol/L < [OH^-]$

水溶液の液性は，水素イオン濃度 $[H^+]$ によって決まるため，酸性，塩基性の強弱を表す数値として **pH（水素イオン指数）** を用いる。

$$[H^+] = 1.0\times10^{-n}\ mol/L \quad \text{のとき} \quad pH = n$$

例題 $[OH^-]=1.0\times10^{-2}\ mol/L$ の水溶液の pH はいくらか。

答 水のイオン積 $[H^+][OH^-]=1.0\times10^{-14}\ mol^2/L^2$ より，

$$[H^+]=\frac{1.0\times10^{-14}}{[OH^-]}=\frac{1.0\times10^{-14}}{1.0\times10^{-2}}=1.0\times10^{-12}\ mol/L$$

よって，pH=**12**

CHAPTER 3 酸と塩基

EXERCISE 5 ●pHの計算

0.020 mol/L の水酸化ナトリウム水溶液50 mLを純水で希釈して100 mLとした。この水溶液のpHはいくらか。最も適当な数値を，次の①～⑦のうちから一つ選べ。

① 2　② 4　③ 6　④ 7　⑤ 8　⑥ 10　⑦ 12

(2016 センター化学基礎 追試)

解答 ⑦

解説 純水で希釈した後の水酸化ナトリウム水溶液のモル濃度は，

$$0.020\ \mathrm{mol/L} \times \frac{50\ \mathrm{mL}}{100\ \mathrm{mL}} = 0.010\ \mathrm{mol/L}$$

水酸化ナトリウム NaOH は**1価**の**強塩基**であるため水溶液中で完全に電離する。

$$\mathrm{NaOH} \longrightarrow \mathrm{Na^+} + \mathrm{OH^-} \quad \cdots ⓐ$$

式ⓐより，水酸化物イオン濃度 $[\mathrm{OH^-}]$ は水酸化ナトリウム水溶液の濃度と等しく，

$$[\mathrm{OH^-}] = 0.010\ \mathrm{mol/L}$$

水のイオン積 $[\mathrm{H^+}][\mathrm{OH^-}] = 1.0 \times 10^{-14}\ \mathrm{mol^2/L^2}$ より，水素イオン濃度 $[\mathrm{H^+}]$ は，

$$[\mathrm{H^+}] = \frac{1.0 \times 10^{-14}}{[\mathrm{OH^-}]} = \frac{1.0 \times 10^{-14}}{0.010} = 1.0 \times 10^{-12}\ \mathrm{mol/L}$$

よって，pH = **12** となる。

注 塩基の水溶液の水素イオン濃度 $[\mathrm{H^+}]$ は，水のイオン積から求める。

別解 $[\mathrm{OH^-}] = 10^{-n}$ mol/L のとき pOH = n として，pH = 14 − pOH という関係を利用してもよい。

$[\mathrm{OH^-}] = 0.010\ \mathrm{mol/L} = 1.0 \times 10^{-2}\ \mathrm{mol/L}$ のとき **pOH = 2** であるため，

pH = 14 − 2 = **12**

EXERCISE 6 ●pH の大小関係

次に示す水溶液**ア**～**ウ**を pH の小さい順に並べたものはどれか。最も適当なものを，下の①～⑥のうちから一つ選べ。

ア 0.010 mol/L 塩酸
イ 0.010 mol/L 塩酸を水で 10 倍に希釈したもの
ウ 0.10 mol/L 酢酸水溶液（電離度 0.020）

① **ア＜イ＜ウ**　② **ア＜ウ＜イ**　③ **イ＜ア＜ウ**
④ **イ＜ウ＜ア**　⑤ **ウ＜ア＜イ**　⑥ **ウ＜イ＜ア**

（2020 センター化学基礎 追試）

解答 ②

解説 **水素イオン濃度 $[H^+]$ が大きいほど pH が小さい。**

ア 塩酸は強酸であり，完全に電離する。

$$HCl \longrightarrow H^+ + Cl^-$$

よって，水素イオン濃度はもとの塩酸の濃度と等しく，$[H^+] = \mathbf{0.010\ mol/L}$

イ 水で 10 倍に薄めたあとの塩酸の濃度は，

$$0.010 \times \frac{1}{10} = 0.0010\ \text{mol/L}$$

よって，水素イオン濃度は，$[H^+] = \mathbf{0.0010\ mol/L}$

ウ 酢酸は弱酸であるため，水溶液中では以下のようにその一部のみが電離する。

$$CH_3COOH \rightleftarrows CH_3COO^- + H^+$$

1 価の酸の水溶液の水素イオン濃度 $[H^+]$ は，一般に次の式で示される。

$[H^+]$＝酸のモル濃度×電離度

電離度が 0.020 なので，

$$[H^+] = 0.10\ \text{mol/L} \times 0.020 = \mathbf{0.0020\ mol/L}$$

よって，水素イオン濃度 $[H^+]$ の大きい順に並べると **ア＞ウ＞イ** となるため，pH の小さい順に並べると **ア＜ウ＜イ** となる。

CHAPTER 3 酸と塩基

EXERCISE 7 ●pHと電離度

酢酸水溶液中の酢酸の濃度とpHの関係を調べたところ，**図1**のようになった。0.038 mol/L の水溶液中の酢酸の電離度として最も適当な数値を，下の①～⑥のうちから一つ選べ。

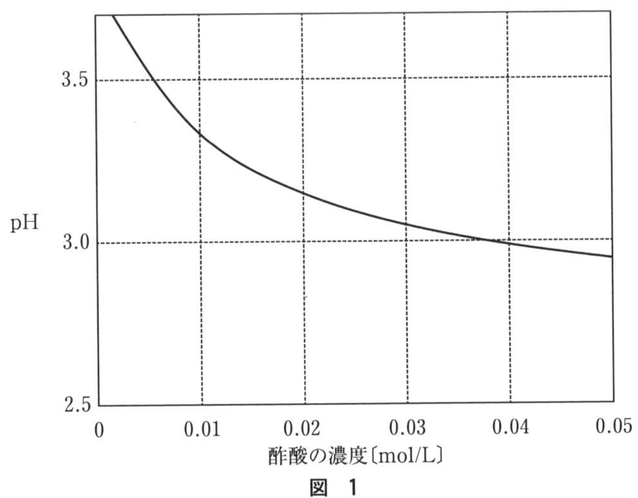

図 1

① 0.0010　② 0.0026　③ 0.0038　④ 0.010
⑤ 0.026　⑥ 0.038

(2015 センター化学 追試)

解答 ⑤

解説 グラフより，0.038 mol/L の酢酸水溶液のpHは3.0であるため，水素イオン濃度は $[H^+] = 1.0 \times 10^{-3}$ mol/L である。酢酸は1価の弱酸で，$CH_3COOH \rightleftarrows CH_3COO^- + H^+$ と電離するので，水素イオン濃度 $[H^+]$ と電離した酢酸 CH_3COOH のモル濃度は等しくなる。よって，酢酸の電離度は，

$$\frac{\overbrace{1.0 \times 10^{-3}\ \text{mol/L}}^{\text{電離した酢酸のモル濃度}}}{\underbrace{0.038\ \text{mol/L}}_{\text{溶解した酢酸のモル濃度}}} = \mathbf{0.0263}$$

EXERCISE 8 ●pH に関する正誤問題

酸と塩基に関する記述として**誤りを含むもの**を，次の ① ～ ④ のうちから一つ選べ。

① 強酸を純水で希釈しても，pH が 7 より大きくなることはない。
② $[H^+] = 1.0 \times 10^{-x}$ mol/L のとき，pH は x である。
③ 0.010 mol/L の塩酸と 0.010 mol/L の硫酸の水素イオン濃度は等しい。
④ 水酸化カリウムは 1 価の強塩基である。

(2018 センター化学基礎 追試)

解答 ③

解説 ① 強酸を純水で希釈しても，水の電離で生じる H^+ を無視できないため，その pH が 7 より大きくなることはない。(酸性の溶液を薄めても塩基性にはならない。) 正しい。
② $\mathbf{[H^+] = 1.0 \times 10^{-x}}$ **mol/L のとき，pH = $\boldsymbol{x}$** (pH の定義) である。正しい。
③ 塩酸 HCl は **1 価の強酸**，硫酸 H_2SO_4 は **2 価の強酸**であるため，同じ濃度の塩酸と硫酸であれば，**硫酸の方が水素イオン濃度が大きい**。誤り。
④ 水酸化カリウム KOH は 1 価の強塩基である。正しい。

CHAPTER 3 酸と塩基

EXERCISE 9 ●身のまわりの物質の pH

身近な物質の pH に関する記述として**誤りを含むもの**を，次の ① ～ ④ のうちから一つ選べ。

① 炭酸水の pH は，血液の pH より小さい。
② 食酢の pH は，牛乳の pH より小さい。
③ レモン果汁の pH は，水道水の pH より小さい。
④ セッケン水の pH は，食塩水の pH より小さい。

（2018 センター化学基礎 本試）

解答 ④

解説 身のまわりの物質の液性をまとめると以下の通り。

液性	pH	物質例
酸性	7より小さい	食酢，レモン果汁，炭酸水
中性	7	水道水※，食塩水，血液※
塩基性	7より大きい	セッケン水

※の pH は，おおよそ 7 である。

よって，セッケン水の pH は食塩水より大きいため **④** が誤り。

EXERCISE 10 ●気体の精製と pH

実験室で塩素 Cl_2 を発生させたところ，得られた気体には，不純物として塩化水素 HCl と水蒸気が含まれていた。**図 1** に示すように，二つのガラス容器（洗気びん）に濃硫酸および水を別々に入れ，順次この気体を通じることで不純物を取り除き，Cl_2 のみを得た。これらのガラス容器に入れた液体 **A** と液体 **B**，および気体を通じたことによるガラス容器内の水の pH の変化の組合せとして最も適当なものを，後の ① ～ ④ のうちから一つ選べ。ただし，濃硫酸は気体から水蒸気を除くために用いた。

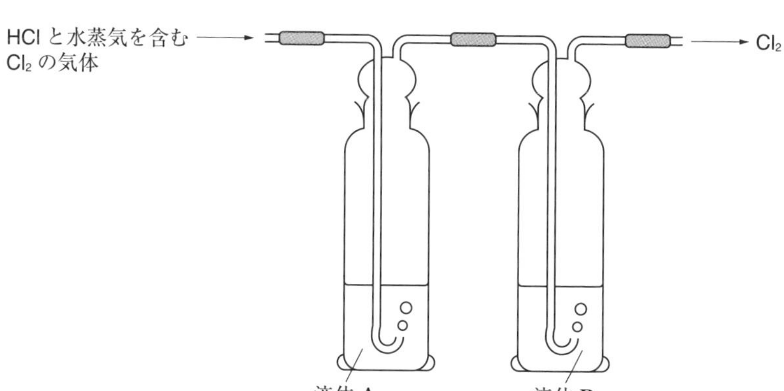

図 1

	液体A	液体B	ガラス容器内の水のpH
①	濃硫酸	水	大きくなる
②	濃硫酸	水	小さくなる
③	水	濃硫酸	大きくなる
④	水	濃硫酸	小さくなる

(2019 センター化学基礎 本試)

解答 ④

解説 **塩化水素HClは水に溶けやすい**ため，**水**(液体A)に通すことでHClを取り除く。濃硫酸は**乾燥剤としてはたらく**ため，液体Aに通した後，**濃硫酸**(液体B)に通すことで，水蒸気を取り除く。この操作により，純粋な塩素Cl_2を得ることができる。

水にはHClが溶け込み，酸性が強くなるため，その**pH**は**小さくなる**。

SUMMARY & CHECK

- ✔酸と塩基の定義が説明できるか。 ➡ POINT 1
- ✔酸と塩基の種類，価数，強弱を覚えているか。 ➡ POINT 2
- ✔電離度，pHに関する計算ができるか。 ➡ POINT 3，4

THEME

9 中和反応と塩

GUIDANCE 酸と塩基を混ぜると，互いの性質を打ち消し合う反応，すなわち中和反応が起こり，塩とよばれる物質が生成する。本 THEME では，中和反応で生じる塩の性質や分類について理解しよう。

POINT 1 中和反応と塩 ★★

酸と塩基が反応すると互いの性質を打ち消そうとする反応が起こる。この反応を**中和反応**という。中和反応では酸のもつ H^+ と塩基のもつ OH^- が反応して水 H_2O ができ，**酸の陰イオンと塩基の陽イオンからなる化合物**である**塩**（えん）が生じる。

酸 ＋ 塩基 ⟶ 塩 ＋ 水

例 $HCl + NaOH \longrightarrow NaCl + H_2O$ （NaCl：塩化ナトリウム）

$H_2SO_4 + 2KOH \longrightarrow K_2SO_4 + 2H_2O$ （K_2SO_4：硫酸カリウム）

$2HNO_3 + Ca(OH)_2 \longrightarrow Ca(NO_3)_2 + 2H_2O$ （$Ca(NO_3)_2$：硝酸カルシウム）

注 アンモニアの中和では水が生じない。

$HCl + NH_3 \longrightarrow NH_4Cl$

EXERCISE 1 ●中和反応

次の①～⑤の反応のうち，中和反応はどれか。最も適当なものを一つ選べ。

① $SO_2 + 2H_2S \longrightarrow 3S + 2H_2O$

② $3Cu + 8HNO_3 \longrightarrow 3Cu(NO_3)_2 + 2NO + 4H_2O$

③ $2Al(OH)_3 + 3H_2SO_4 \longrightarrow Al_2(SO_4)_3 + 6H_2O$

④ $MnO_2 + 4HCl \longrightarrow MnCl_2 + Cl_2 + 2H_2O$

⑤ $CH_3COOH + 2O_2 \longrightarrow 2CO_2 + 2H_2O$

（2015 センター化学Ⅰ 追試）

解答 ③

解説 ③の反応は，$Al(OH)_3$ の OH^- と H_2SO_4 の H^+ が過不足なく反応して水が生じ，塩として $Al_2(SO_4)_3$ が生じているため**中和反応**である。

その他の反応はすべて酸化還元反応（⇒THEME 11）である。

POINT 2 塩の分類

硫酸 H_2SO_4 と水酸化ナトリウム NaOH が過不足なく中和反応すると硫酸ナトリウム Na_2SO_4 が生じるが，H_2SO_4 の H^+ のうち１つだけが反応すると硫酸水素ナトリウム $NaHSO_4$ が生じる。このように，**酸の H が残っている塩**を酸性塩という。同様に，CaCl(OH) のように，**塩基の OH が残っている塩**を塩基性塩という。Na_2SO_4 のように，酸と塩基が過不足なく中和し，**酸の H も塩基の OH も残ってない塩**を正塩という。

酸性塩……酸の H が残っている塩。 例 $NaHSO_4$，$NaHCO_3$

塩基性塩…塩基の OH が残っている塩。 例 CaCl(OH)，MgCl(OH)

正塩………酸の H も塩基の OH も残っていない塩。 例 Na_2SO_4，NH_4Cl

注 塩の分類は塩の液性とは無関係である。酸性塩の水溶液が必ずしも酸性を示すとは限らない。

POINT 3 塩の液性

塩は，酸と塩基の性質が打ち消しあって生じるものであるが，その水溶液は必ずしも中性を示すとは限らない。正塩の水溶液の性質はその塩をつくる酸，塩基の強弱で決まっており，**中和する前の酸，塩基のうちの強い方の性質を示す**ことが知られている。例えば，弱酸である酢酸 CH_3COOH と強塩基である水酸化ナトリウム NaOH から生じる正塩である酢酸ナトリウム CH_3COONa の水溶液は塩基性を示す。

酸	塩基	塩の液性	例
強酸	強塩基	中性	KNO_3，Na_2SO_4
強酸	弱塩基	酸性	NH_4Cl，$CuSO_4$
弱酸	強塩基	塩基性	CH_3COONa，Na_2CO_3

注 弱酸と弱塩基からなる塩の液性は判断することができない。

酸性塩の液性は正塩のように判断することはできない。例えば，**硫酸水素ナトリウム $NaHSO_4$** の水溶液は酸性を示すが，**炭酸水素ナトリウム $NaHCO_3$** の水溶液は塩基性を示す。

EXERCISE 2 ●塩の液性

次の塩**ア**～**カ**には，下の記述（**a**・**b**）に当てはまる塩が二つずつある。その塩の組合せとして最も適当なものを，下の①～⑧のうちから一つずつ選べ。

ア CH_3COONa　**イ** KCl　**ウ** Na_2CO_3
エ NH_4Cl　**オ** $CaCl_2$　**カ** $(NH_4)_2SO_4$

a 水に溶かしたとき，水溶液が酸性を示すもの
b 水に溶かしたとき，水溶液が塩基性を示すもの

① **ア**と**ウ**　② **ア**と**オ**　③ **イ**と**ウ**　④ **イ**と**エ**
⑤ **ウ**と**カ**　⑥ **エ**と**オ**　⑦ **エ**と**カ**　⑧ **オ**と**カ**

（2016 センター化学基礎 本試）

解答 **a** ⑦　**b** ①

解説 **ア**～**カ**はすべて正塩であり，その水溶液の液性は以下のように決められる。

塩	もとの酸	もとの塩基	水溶液の液性
ア CH_3COONa	CH_3COOH（弱酸）	$NaOH$（強塩基）	**塩基性**
イ KCl	HCl（強酸）	KOH（強塩基）	中性
ウ Na_2CO_3	H_2CO_3（弱酸）	$NaOH$（強塩基）	**塩基性**
エ NH_4Cl	HCl（強酸）	NH_3（弱塩基）	**酸性**
オ $CaCl_2$	HCl（強酸）	$Ca(OH)_2$（強塩基）	中性
カ $(NH_4)_2SO_4$	H_2SO_4（強酸）	NH_3（弱塩基）	**酸性**

EXERCISE 3 ●塩の pH

次に示す 0.1 mol/L 水溶液**ア**～**ウ**を pH の大きい順に並べたものはどれか。最も適当なものを，下の①～⑥のうちから一つ選べ。

ア $NaCl$ 水溶液
イ $NaHCO_3$ 水溶液
ウ $NaHSO_4$ 水溶液

① **ア**＞**イ**＞**ウ**　② **ア**＞**ウ**＞**イ**　③ **イ**＞**ア**＞**ウ**
④ **イ**＞**ウ**＞**ア**　⑤ **ウ**＞**ア**＞**イ**　⑥ **ウ**＞**イ**＞**ア**

（2020 センター化学基礎 本試）

解答 ③

解説 NaCl は強酸である HCl と強塩基である NaOH が中和してできた正塩であるため，その水溶液は**中性**を示す。

また，酸性塩である $NaHCO_3$ の水溶液は**塩基性**，$NaHSO_4$ の水溶液は**酸性**を示す。

以上より，pH は**イ＞ア＞ウ**となる。

EXERCISE 4 ●身のまわりの塩

イオンからなる身のまわりの物質に関する次の記述（**a**～**c**）に当てはまるものを，下の①～⑤のうちから一つずつ選べ。

a 水に溶けると塩基性を示し，ベーキングパウダー（ふくらし粉）に主成分として含まれる。

b 水にも塩酸にもきわめて溶けにくく，胃のX線（レントゲン）撮影の造影剤に用いられる。

c 水に溶けると中性を示し，乾燥剤に用いられる。

① 塩化カルシウム　② 炭酸水素ナトリウム
③ 炭酸ナトリウム　④ 炭酸カルシウム
⑤ 硫酸バリウム

（2019 センター化学基礎 本試）

解答 **a** ②　**b** ⑤　**c** ①

解説 **a** ベーキングパウダー（ふくらし粉）の主成分は**炭酸水素ナトリウム $NaHCO_3$** である。$NaHCO_3$ は酸性塩で，その水溶液は塩基性を示す。また，加熱すると分解し二酸化炭素を発生させる。

$$2NaHCO_3 \longrightarrow Na_2CO_3 + CO_2 + H_2O$$

b **硫酸バリウム $BaSO_4$** は胃酸（主成分 HCl）と反応せず，X 線を吸収して遮蔽するため，X 線撮影の造影剤として用いられる。

c **塩化カルシウム $CaCl_2$** の水溶液は中性で，吸湿性があるため乾燥剤として利用されている。

POINT 4 弱酸の遊離 

弱酸の塩に強酸を加えると，強酸の塩と弱酸が得られるため，弱酸が遊離する。これを**弱酸の遊離**という。例えば，弱酸の塩である酢酸ナトリウムの水溶液に強酸である塩酸を加えると，強酸の塩である塩化ナトリウムと弱酸である酢酸が生成する。

$$\underset{\text{弱酸の塩}}{CH_3COONa} + \underset{\text{強酸}}{HCl} \longrightarrow \underset{\text{強酸の塩}}{NaCl} + \underset{\text{弱酸}}{CH_3COOH}$$

これと同様の反応は塩基についても起こり，**弱塩基の塩に強塩基を加えると，強塩基の塩と弱塩基が得られる**。これを**弱塩基の遊離**という。

$$\underset{\text{弱塩基の塩}}{NH_4Cl} + \underset{\text{強塩基}}{NaOH} \longrightarrow \underset{\text{強塩基の塩}}{NaCl} + \underset{\text{弱塩基}}{NH_3} + H_2O$$

EXERCISE 5 ●弱酸の遊離

弱酸の塩に強酸を加えたり，弱塩基の塩に強塩基を加えたりすると，次の式(1)・(2)に示すような変化が起こる。

弱 酸 の 塩 ＋ 強　酸 ⟶ 弱　酸 ＋ 強 酸 の 塩　…(1)
弱塩基の塩 ＋ 強塩基 ⟶ 弱塩基 ＋ 強塩基の塩　…(2)

ある塩**A**の水溶液に塩酸を加えると，塩酸のにおいとは異なる刺激臭のある物質が生じる。一方，水酸化ナトリウム水溶液を加えると，刺激臭のある別の物質が生じる。**A**として最も適当なものを，次の①～⑤のうちから一つ選べ。

① 硫酸アンモニウム　② 酢酸アンモニウム
③ 酢酸ナトリウム　④ 炭酸ナトリウム
⑤ 塩化カリウム

(2022 共通テスト化学基礎 追試)

解答 ②

解説 塩酸 HCl を加えると反応が起こることから，**A** は**弱酸の塩**であるということがわかる。また，水酸化ナトリウム NaOH 水溶液を加えると反応が起こることから，**A** は**弱塩基の塩**であるということもわかる。よって，**A** は**弱酸である酢酸 CH_3COOH と弱塩基であるアンモニア NH_3 からなる塩**の**酢酸アンモニウム CH_3COONH_4** だと判断できる。

$CH_3COONH_4 + HCl \longrightarrow NH_4Cl + CH_3COOH$　　**（弱酸の遊離）**

弱酸の塩　強酸　強酸の塩　弱酸

⇒刺激臭のある**酢酸 CH_3COOH** が生じる。

$CH_3COONH_4 + NaOH \longrightarrow CH_3COONa + NH_3 + H_2O$　**（弱塩基の遊離）**

弱塩基の塩　強塩基　強塩基の塩　弱塩基

⇒刺激臭のある**アンモニア NH_3** が生じる。

SUMMARY & CHECK

✔中和反応の化学反応式が書けるか。　➡ POINT 1

✔塩の分類と液性が判断できるか。　➡ POINT 2, 3

✔弱酸，弱塩基の遊離が理解できたか。　➡ 

THEME 10 中和滴定

GUIDANCE 濃度のわからない酸（または塩基）の濃度を測定するには，濃度のわかっている塩基（または酸）で中和し，その体積を測定すればよい。この実験を中和滴定という。本 THEME では，中和滴定の実験操作，また，実験で用いる指示薬や器具を確認し，濃度を求めるための計算をマスターしよう。

POINT 1 中和反応の量的関係 ★★★

中和反応は，酸のもつ H^+ と塩基のもつ OH^- が反応し水 H_2O が生じる反応であるため，中和反応が過不足なく起こるとき，**酸のもつ H^+ の物質量と塩基のもつ OH^- の物質量が等しくなる**といえる。H^+(OH^-) の物質量〔mol〕は，酸（塩基）の物質量〔mol〕に酸（塩基）の価数をかけることで求められ，さらに，酸（塩基）の物質量〔mol〕は，モル濃度〔mol/L〕に体積〔L〕をかけることで求められるため，中和反応が過不足なく起こるとき，以下の関係式が成立する。

酸のもつ H^+ の物質量〔mol〕＝塩基のもつ OH^- の物質量〔mol〕

$$c\,[\mathrm{mol/L}] \times \frac{v}{1000}\,[\mathrm{L}] \times a = c'\,[\mathrm{mol/L}] \times \frac{v'}{1000}\,[\mathrm{L}] \times b$$

c：酸のモル濃度〔mol/L〕　c'：塩基のモル濃度〔mol/L〕
v：酸の水溶液の体積〔mL〕　v'：塩基の水溶液の体積〔mL〕
a：酸の価数　b：塩基の価数

EXERCISE 1 ●中和反応の量的関係

問 1 濃度が不明の n 価の酸の水溶液 x〔mL〕を，濃度が c〔mol/L〕で m 価の塩基の水溶液を用いて過不足なく中和するには y〔mL〕を要した。この酸の水溶液の濃度〔mol/L〕を求める式として最も適当なものを，次の①～⑥のうちから一つ選べ。

① $\dfrac{cmy}{nx}$　② $\dfrac{cny}{mx}$　③ $\dfrac{cnx}{my}$　④ $\dfrac{cmx}{ny}$　⑤ $\dfrac{cy}{x}$

⑥ $\dfrac{x}{cy}$

（2017 センター化学基礎 追試）

問2　濃度のわからない水酸化ナトリウム水溶液**A**がある。0.0500 mol/L の希硫酸 10.0 mL をコニカルビーカーにとり，**A**をビュレットに入れて滴定したところ，**A**を 8.00 mL 加えたところで中和点に達した。**A**のモル濃度は何 mol/L か。最も適当な数値を，次の①～④のうちから一つ選べ。

①　0.0125　　②　0.0625　　③　0.125　　④　0.250

（2022 共通テスト化学基礎 本試）

問3　正確に 10 倍に薄めた希塩酸 10 mL を，0.10 mol/L の水酸化ナトリウム水溶液で滴定したところ，中和までに 8.0 mL を要した。薄める前の希塩酸の濃度は何 mol/L か。最も適当な数値を，次の①～⑤のうちから一つ選べ。

①　0.080　　②　0.16　　③　0.40　　④　0.80　　⑤　1.2

（1998 センター化学ⅠB 本試）

問4　水酸化バリウム 17.1 g を純水に溶かし，1.00 L の水溶液とした。この水溶液を用いて，濃度未知の酢酸水溶液 10.0 mL の中和滴定を行ったところ，過不足なく中和するのに 15.0 mL を要した。この酢酸水溶液の濃度は何 mol/L か。最も適当な数値を，次の①～⑥のうちから一つ選べ。（原子量 H＝1.0，O＝16，Ba＝137）

①　0.0300　　②　0.0750　　③　0.150　　④　0.167　　⑤　0.300
⑥　0.333

（2012 センター化学Ⅰ 追試）

解答　**問1**　①　　**問2**　③　　**問3**　④　　**問4**　⑤

解説　**問1**　酸の水溶液のモル濃度を c'〔mol/L〕とする。中和反応の量的関係より，

$$\underbrace{c'\,[\mathrm{mol/L}] \times \frac{x}{1000}\,[\mathrm{L}] \times n}_{\text{酸のもつ H}^+\,[\mathrm{mol}]} = \underbrace{c\,[\mathrm{mol/L}] \times \frac{y}{1000}\,[\mathrm{L}] \times m}_{\text{塩基のもつ OH}^-\,[\mathrm{mol}]}$$

$$c' = \boldsymbol{\frac{cmy}{nx}}$$

問2　水酸化ナトリウム水溶液**A**のモル濃度を x〔mol/L〕とする。中和反応の量的関係より，

$$\underbrace{0.0500\ \text{mol/L} \times \frac{10.0}{1000}\text{L} \times 2}_{H_2SO_4\ の\ H^+\ 〔mol〕} = \underbrace{x\ 〔\text{mol/L}〕 \times \frac{8.00}{1000}\text{L} \times 1}_{NaOH\ の\ OH^-\ 〔mol〕}$$

$x = \mathbf{0.125\ mol/L}$

問3　薄める前の希塩酸のモル濃度を x〔mol/L〕とすると，10倍に薄めた後の希塩酸のモル濃度は $\frac{x}{10}$〔mol/L〕となる。中和反応の量的関係より，

$$\underbrace{\frac{x}{10}〔\text{mol/L}〕 \times \frac{10}{1000}\text{L} \times 1}_{HCl\ の\ H^+\ 〔mol〕} = \underbrace{0.10\ \text{mol/L} \times \frac{8.0}{1000}\text{L} \times 1}_{NaOH\ の\ OH^-\ 〔mol〕}$$

$x = \mathbf{0.80\ mol/L}$

問4　酢酸水溶液のモル濃度を x〔mol/L〕とする。
水酸化バリウム $Ba(OH)_2 = 171$ なので，中和反応の量的関係より，

$$\underbrace{x\ 〔\text{mol/L}〕 \times \frac{10.0}{1000}\text{L} \times 1}_{CH_3COOH\ の\ H^+\ 〔mol〕} = \underbrace{\frac{17.1\ \text{g/L}}{171\ \text{g/mol}} \times \frac{15.0}{1000}\text{L} \times 2}_{Ba(OH)_2\ の\ OH^-\ 〔mol〕}$$

$x = \mathbf{0.300\ mol/L}$

EXERCISE 2 ●逆滴定

問1　濃度不明の希硫酸 10.0 mL に，0.50 mol/L の水酸化ナトリウム水溶液 20.0 mL を加えると，その溶液は塩基性となった。さらに，その混合溶液に 0.10 mol/L の塩酸を加えていくと，20.0 mL 加えたときに過不足なく中和した。もとの希硫酸の濃度は何 mol/L か。最も適当な数値を，次の ①～⑤ のうちから一つ選べ。

① 0.30　② 0.40　③ 0.50　④ 0.60　⑤ 0.80

（2021 共通テスト化学基礎 第2日程）

問2　ある量の気体のアンモニアを入れた容器に 0.30 mol/L の硫酸 40 mL を加え，よく振ってアンモニアをすべて吸収させた。反応せずに残った硫酸を 0.20 mol/L の水酸化ナトリウム水溶液で中和滴定したところ，20 mL を要した。はじめのアンモニアの体積は，0℃，1.013×10^5 Pa で何 L か。最も適当な数値を，次の ①～⑤ のうちから一つ選べ。

① 0.090　② 0.18　③ 0.22　④ 0.36　⑤ 0.45

（2007 センター化学Ⅰ 本試）

解答 **問1** ② **問2** ⑤

解説 酸や塩基を2種類以上用いて中和反応を行う場合（逆滴定という）は，**酸のもつ H^+〔mol〕の総和と塩基のもつ OH^-〔mol〕の総和が等しくなる**ことを考えて立式すればよい。

問1 希硫酸のモル濃度を x〔mol/L〕とする。中和反応の量的関係より，

$$\underbrace{x\,[\text{mol/L}] \times \frac{10.0}{1000}\text{L} \times 2}_{H_2SO_4\text{ の }H^+\,[\text{mol}]} + \underbrace{0.10\text{ mol/L} \times \frac{20.0}{1000}\text{L} \times 1}_{HCl\text{ の }H^+\,[\text{mol}]}$$

$$= \underbrace{0.50\text{ mol/L} \times \frac{20.0}{1000}\text{ L} \times 1}_{NaOH\text{ の }OH^-\,[\text{mol}]}$$

$$x = \mathbf{0.40\ mol/L}$$

問2 吸収したアンモニア NH_3 の物質量を x〔mol〕とする。中和反応の量的関係より，

$$\underbrace{0.30\text{ mol/L} \times \frac{40}{1000}\text{L} \times 2}_{H_2SO_4\text{ の }H^+\,[\text{mol}]} = \underbrace{x\,[\text{mol}] \times 1}_{NH_3\text{ からの }OH^-\,[\text{mol}]} + \underbrace{0.20\text{ mol/L} \times \frac{20}{1000}\text{L} \times 1}_{NaOH\text{ の }OH^-\,[\text{mol}]}$$

$$x = 2.0 \times 10^{-2}\text{ mol}$$

その体積は，0℃，1.013×10^5 Pa で，

$$2.0 \times 10^{-2}\text{ mol} \times 22.4\text{ L/mol} = \mathbf{0.448\ L}$$

EXERCISE 3 ●中和反応と pH

濃度不明の塩酸 500 mL と 0.010 mol/L の水酸化ナトリウム水溶液 500 mL を混合したところ，溶液の pH は 2.0 であった。塩酸の濃度〔mol/L〕として最も適当な数値を，次の ①～⑤ のうちから一つ選べ。ただし，溶液中の塩化水素の電離度を 1.0 とする。

① 0.010　② 0.020　③ 0.030　④ 0.040　⑤ 0.050

(2006 センター化学Ⅰ 本試)

解答 ③

解説 塩酸のモル濃度を x〔mol/L〕とおく。混合前の物質量を求めると，

HCl　$x\,〔\text{mol/L}〕\times \dfrac{500}{1000}\,\text{L} = 0.50x\,〔\text{mol}〕$

NaOH　$0.010\,\text{mol/L} \times \dfrac{500}{1000}\,\text{L} = 0.0050\,\text{mol}$

混合後の溶液が酸性であることから，HCl の一部が反応せずに残る。反応前後の物質量の関係をまとめると，

	HCl	+ NaOH	⟶	NaCl	+ H_2O	〔mol〕
(反応前)	$0.50x$	0.0050		0	—	
(反応量)	-0.0050	-0.0050		$+0.0050$	$+0.0050$	
(反応後)	$0.50x-0.0050$	0		0.0050	—	

混合後の溶液の体積は $500+500=1000\,\text{mL}=1\,\text{L}$ となる。混合後，pH が 2.0 であることから，$[H^+]=1.0\times10^{-2}\,\text{mol/L}$ となる。H^+ の物質量より，

$0.50x-0.0050\,\text{mol}=1.0\times10^{-2}\,\text{mol/L}\times1\,\text{L}$

$x=\mathbf{0.030\,mol/L}$

EXERCISE 4 ●酸の濃度と電離度

ともに質量パーセント濃度が 0.10％ で体積が 1.0 L の硝酸 HNO_3（分子量 63）の水溶液 **A** と酢酸 CH_3COOH（分子量 60）の水溶液 **B** がある。これらの水溶液中の HNO_3 の電離度を 1.0，CH_3COOH の電離度を 0.032 とし，溶液の密度をいずれも $1.0\,\text{g/cm}^3$ とする。このとき，水溶液 **A** と水溶液 **B** について，電離している酸の物質量の大小関係，および過不足なく中和するために必要な 0.10 mol/L の水酸化ナトリウム NaOH 水溶液の体積の大小関係の組合せとして最も適当なものを，後の ①～⑥ のうちから一つ選べ。

	電離している酸の物質量	中和に必要な NaOH 水溶液の体積
①	A ＞ B	A ＞ B
②	A ＞ B	A ＜ B
③	A ＞ B	A ＝ B
④	A ＜ B	A ＞ B
⑤	A ＜ B	A ＜ B
⑥	A ＜ B	A ＝ B

（2022 共通テスト化学基礎 本試）

解答 ②

解説 溶液の密度と質量パーセント濃度が等しければ，**1 L あたりに含まれる溶質の質量も等しい**ため，**分子量が大きい溶質を含む水溶液の方がモル濃度は小さい**。よって，モル濃度は A＜B となる。いずれも 1 価の酸であることから，中和に必要な NaOH 水溶液の体積も A＜B となる。

参考 水溶液のモル濃度

水溶液A（硝酸 HNO_3）

$$\frac{1.0\ \text{g/mL} \times 1000\ \text{mL} \times \frac{0.10}{100}}{63\ \text{g/mol}} = \frac{1.0}{63}\ \text{mol} \xrightarrow[\text{が 1.0 L なので}]{\text{水溶液の体積}} \frac{1.0}{63}\ \text{mol/L}$$

水溶液B（酢酸 CH_3COOH）

$$\frac{1.0\ \text{g/mL} \times 1000\ \text{mL} \times \frac{0.10}{100}}{60\ \text{g/mol}} = \frac{1.0}{60}\ \text{mol} \longrightarrow \frac{1.0}{60}\ \text{mol/L}$$

注 中和に必要な塩基の量は，酸の強弱には関係しない。

一方，水溶液Aの硝酸 HNO_3 は**強酸であるため完全に電離**するが，水溶液Bの酢酸 CH_3COOH は**弱酸であるためほとんど電離していない**。よって，電離している酸の物質量は A＞B となる。

参考 電離している酸のモル濃度

水溶液A（硝酸 HNO_3）　$\frac{1.0}{63} \times 1.0\ \text{mol/L}$

水溶液B（酢酸 CH_3COOH）　$\frac{1.0}{60} \times 0.032\ \text{mol/L}$

POINT 2 中和滴定 ★★★

中和反応の量的関係を利用し，**濃度のわからない酸（塩基）の濃度を測定する操作**を中和滴定という。例えば，濃度のわからない酸（塩基）をコニカルビーカー（または三角フラスコ）に正確にはかり取り，濃度のわかっている塩基（酸）をビュレットから滴下し，中和反応が完了するまでに必要な溶液の体積を測定する。

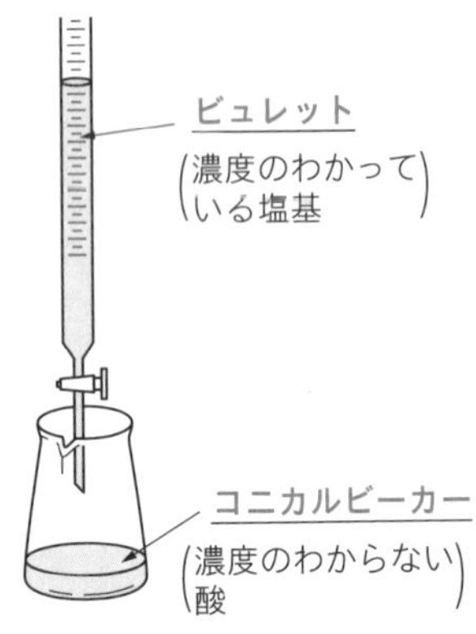

中和滴定では，以下に示す実験器具を用いる。それぞれの実験器具の名称と用途，洗浄方法を覚えておく必要がある。

名称	ホールピペット	ビュレット	メスフラスコ	コニカルビーカー
器具				
用途	一定体積の溶液を**正確にはかりとる**	溶液を**滴下**し，その体積をはかる	溶液を**調製・希釈**する	溶液を入れる（三角フラスコでも代用可）
洗浄方法	**使用する溶液**で内部を数回洗浄してから使う（共洗い）		純水で洗浄し，ぬれたまま使う	

注 ガラスは熱で膨張するため，正確な体積目盛りのついた実験器具（ホールピペット，ビュレット，メスフラスコ）は**加熱乾燥してはならない**。

EXERCISE 5 ●実験器具

ある物質の水溶液をホールピペットではかりとり，メスフラスコに移して，定められた濃度に純水で希釈したい。次の問い（**a**・**b**）に答えよ。

a ホールピペットの図として正しいものを，後の①～⑤のうちから一つ選べ。

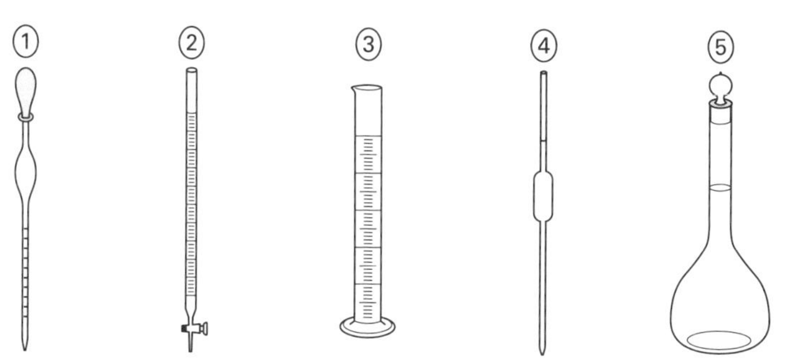

b　このとき行う**操作Ⅰ・Ⅱ**の組合せとして最も適当なものを，下の①～④のうちから一つ選べ。

操作Ⅰ

A　ホールピペットは，洗浄後，内部を純水ですすぎそのまま用いる。

B　ホールピペットは，洗浄後，内部をはかりとる水溶液ですすぎそのまま用いる。

操作Ⅱ

C　純水は，液面の上端がメスフラスコの標線に達するまで加える。

D　純水は，液面の底面がメスフラスコの標線に達するまで加える。

	操作Ⅰ	操作Ⅱ
①	A	C
②	A	D
③	B	C
④	B	D

(2017 センター化学基礎 本試)

解答　a ④　b ④

解説　b　**操作Ⅰ**　ホールピペットは**共洗い**してから使う。

操作Ⅱ　メスフラスコには標線がついており，純水は図のように液面の**底面**が標線に達するまで加える。

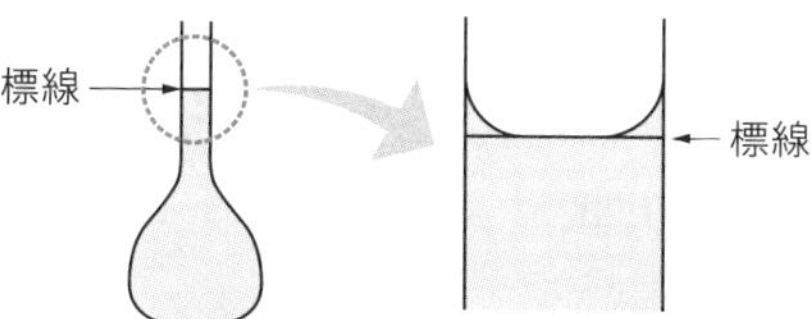

EXERCISE 6 ●中和滴定の実験操作

次の文章を読み，下の問い（**a**・**b**）に答えよ。

酢酸水溶液**A**の濃度を中和滴定によって決めるために，あらかじめ純水で洗浄した器具を用いて，次の**操作1**～**3**からなる実験を行った。

操作1　ホールピペットで**A**を 10.0 mL とり，これを 100 mL のメスフラスコに移し，純水を加えて 100 mL とした。これを水溶液**B**とする。

操作2　別のホールピペットで**B**を 10.0 mL とり，これをコニカルビーカーに移し，指示薬を加えた。これを水溶液**C**とする。

操作3　0.110 mol/L 水酸化ナトリウム水溶液**D**をビュレットに入れて，**C**を滴定した。

a　**操作1**～**3**における実験器具の使い方として**誤りを含むもの**を，次の①～⑤のうちから一つ選べ。

①　**操作1**において，ホールピペットの内部に水滴が残っていたので，内部を**A**で洗ってから用いた。

②　**操作1**において，メスフラスコの内部に水滴が残っていたが，そのまま用いた。

③　**操作2**において，コニカルビーカーの内部に水滴が残っていたので，内部を**B**で洗ってから用いた。

④　**操作3**において，ビュレットの内部に水滴が残っていたので，内部を**D**で洗ってから用いた。

⑤　**操作3**において，コック（活栓）を開いてビュレットの先端部分まで**D**を満たしてから滴定を始めた。

b　操作がすべて適切に行われた結果，**操作3**において中和点までに要した**D**の体積は 7.50 mL であった。酢酸水溶液**A**の濃度は何 mol/Lか。最も適当な数値を，次の①～⑥のうちから一つ選べ。

①　0.0825　　②　0.147　　③　0.165　　④　0.825　　⑤　1.47
⑥　1.65

（2011 センター化学Ⅰ 本試）

解説 **a** ① ホールピペットは，**はかりとる溶液Aで内部を洗浄**してから用いる。正しい。

② メスフラスコは**水でぬれたまま**用いてもよい。正しい。

③ コニカルビーカーは**水でぬれたまま**用いる。使用する溶液で内部を洗浄してから用いると，**コニカルビーカー内の酢酸の物質量が変化する**ため，水酸化ナトリウム水溶液の滴下量が正しい値とならない。誤り。

④ ビュレットは，**使用する溶液Dで内部を洗浄**してから用いる。正しい。

⑤ ビュレットの先端に空気が入っているため，一度コックを開き，**ビュレットの先端まで溶液Dを満たして**から滴定を行う。正しい。

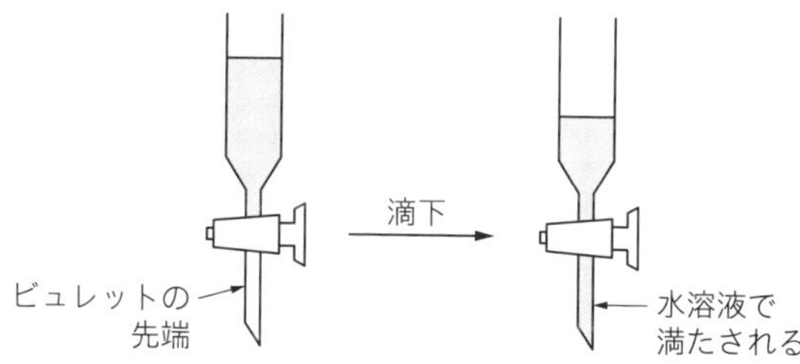

b **操作1**で，酢酸水溶液**A**を10倍に薄めている。薄める前の酢酸水溶液**A**のモル濃度を x〔mol/L〕とすると，10倍に薄めた後の酢酸水溶液**B**のモル濃度は $\frac{x}{10}$〔mol/L〕となる。中和反応の量的関係より，

$$\underbrace{\frac{x}{10}\,[\mathrm{mol/L}] \times \frac{10.0}{1000}\,\mathrm{L} \times 1}_{\mathrm{CH_3COOH\ の\ H^+\ [mol]}} = \underbrace{0.110\,\mathrm{mol/L} \times \frac{7.50}{1000}\,\mathrm{L} \times 1}_{\mathrm{NaOH\ の\ OH^-\ [mol]}}$$

$x = \mathbf{0.825\ mol/L}$

POINT 3 滴定曲線と指示薬 ★★★

中和滴定では，**酸と塩基が過不足なく反応した点**である中和点を知る必要がある。しかし，中和点は必ずしも中性になるとは限らない。中和点では塩が生成しており，**中和点の液性は塩の液性と一致する**ため，中和点の液性は用いた酸と塩基の種類により決まる。また，**中和点付近では pH が急激に変化する**ため，**その範囲内に変色域をもつ**指示薬を用いることで中和点を視覚的に判断することができる。

(1) 弱酸－強塩基の滴定

弱酸を**強塩基**で滴定した場合，中和点は塩基**性**となる。よって，**塩基性側で色が変わる指示薬**であるフェノールフタレインを加えて滴定を行えば，溶液が無**色**から赤**色**に変化したところで中和が完了したと判断できる。

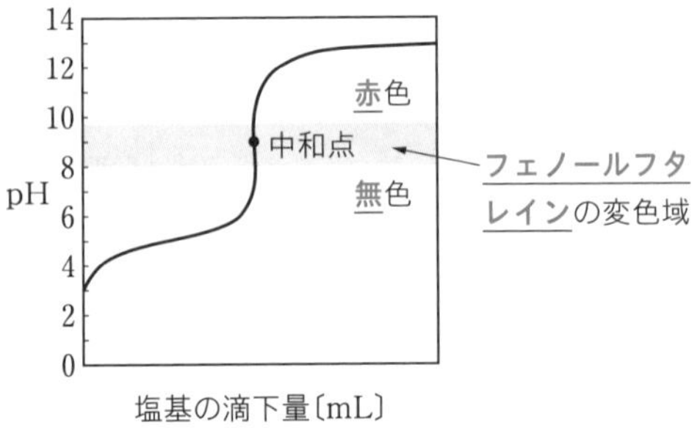

(2) 強酸－弱塩基の滴定

同様に，**強酸**を**弱塩基**で滴定する場合，中和点は酸**性**となるので，**酸性側で色が変わる指示薬**であるメチルオレンジを加えて滴定を行えば，溶液が赤**色**から黄**色**に変化したところで中和が完了したと判断できる。

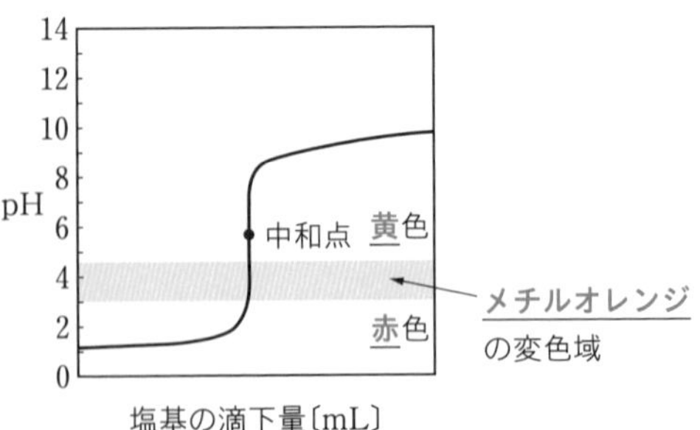

(3) 強酸－強塩基の滴定

強酸を**強塩基**で滴定した場合，中和点は中性となるが，**中和点付近の急激なpHの変化がフェノールフタレイン，メチルオレンジどちらの変色域にも含まれる**ため，指示薬としてフェノールフタレイン，メチルオレンジのいずれを用いても中和が完了したと判断できる。

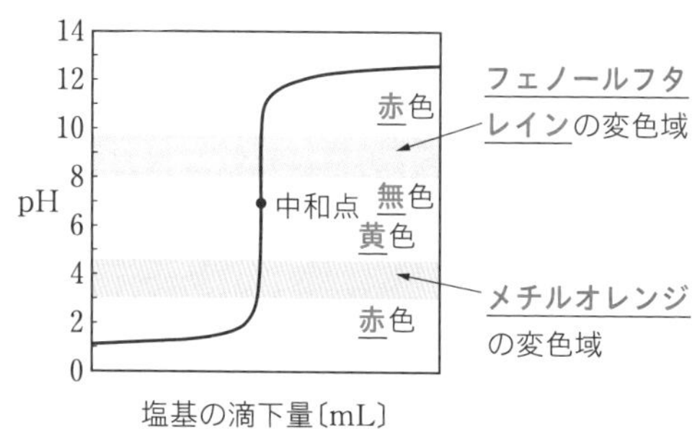

EXERCISE 7 ●中和滴定の指示薬①

指示薬**a**の変色域はpH 3.1～4.4であり，指示薬**b**はpH 8.3～10.0である。これらを中和滴定に使用することに関して正しいものを，次の①～⑤のうちから一つ選べ。ただし，滴定に用いる酸と塩基は0.1 mol/Lの水溶液とする。

① アンモニア水を硫酸で滴定するとき，**a**も**b**も使用できる。
② アンモニア水を塩酸で滴定するとき，**a**は使用できないが，**b**は使用できる。
③ 硫酸を水酸化ナトリウム水溶液で滴定するとき，**a**は使用できるが，**b**は使用できない。
④ 塩酸を水酸化ナトリウム水溶液で滴定するとき，**a**は使用できないが，**b**は使用できる。
⑤ 酢酸を水酸化ナトリウム水溶液で滴定するとき，**a**は使用できないが，**b**は使用できる。

(2000 センター化学ⅠB 追試)

解答 ⑤

解説 変色域が酸性側（**pH 3.1～4.4**）である指示薬**a**は**メチルオレンジ**，塩基性側（**pH 8.3～10.0**）である指示薬**b**は**フェノールフタレイン**である。

①，② 弱塩基（NH_3）と強酸（H_2SO_4，HCl）の滴定では，指示薬として**メチルオレンジ**のみが使用できる。誤り。

③，④　強酸（H_2SO_4，HCl）と強塩基（NaOH）の滴定では，指示薬としてメチルオレンジ，フェノールフタレインの両方を使用できる。誤り。

⑤　弱酸（CH_3COOH）と強塩基（NaOH）の滴定では，指示薬として**フェノールフタレイン**のみが使用できる。正しい。

EXERCISE 8 ●中和滴定の指示薬②

約 0.1 mol/L の水溶液 A の濃度を正確に決めるため，0.100 mol/L の水溶液 B と指示薬 C を用いて中和滴定する。このとき，A，B，C の組合せとして**適当でないもの**を，次の ① ～ ⑥ のうちから一つ選べ。

	A	B	C
①	水酸化ナトリウム水溶液	塩　酸	フェノールフタレイン
②	アンモニア水	塩　酸	フェノールフタレイン
③	酢酸水溶液	水酸化ナトリウム水溶液	フェノールフタレイン
④	水酸化ナトリウム水溶液	硫酸水溶液	メチルオレンジ
⑤	アンモニア水	硫酸水溶液	メチルオレンジ
⑥	塩　酸	水酸化ナトリウム水溶液	メチルオレンジ

解答　②

解説　中和滴定の指示薬は以下のように使い分ける。

- ・強酸と弱塩基の滴定 ⇒ **メチルオレンジ**
- ・弱酸と強塩基の滴定 ⇒ **フェノールフタレイン**
- ・強酸と強塩基の滴定 ⇒ **メチルオレンジ，フェノールフタレイン**いずれも可

② は**弱塩基であるアンモニア水 NH_3 と強酸である塩酸 HCl の滴定**であるため，指示薬としてフェノールフタレインを用いることはできない。

EXERCISE 9 ●中和滴定実験の色の変化

0.10 mol/L シュウ酸水溶液 10 mL に指示薬としてフェノールフタレインを入れ，0.10 mol/L 水酸化ナトリウム水溶液で滴定した。滴下量と溶液の色の関係を示す図として最も適当なものを，次の ①～⑥ のうちから一つ選べ。

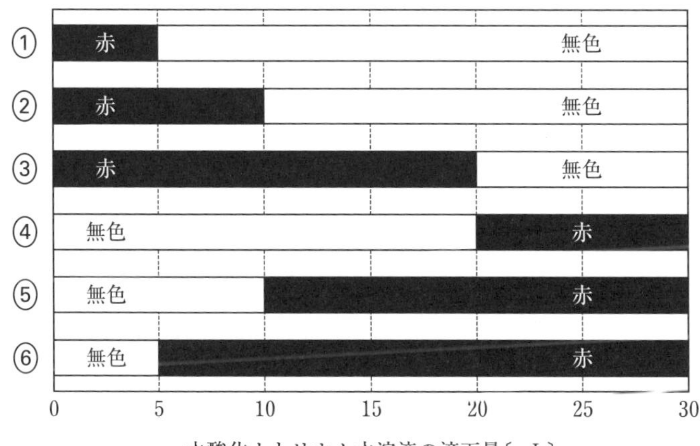

(2019 センター化学基礎 追試)

解答 ④

解説 シュウ酸水溶液にフェノールフタレインを加え水酸化ナトリウム水溶液を滴下していくと，はじめは酸性なので溶液は**無色**であり，**中和点に達したとき溶液が赤色に変化**する。

中和に必要な水酸化ナトリウム水溶液の体積を x〔mL〕とする。中和反応の量的関係より，

$$\underbrace{0.10\ \text{mol/L} \times \frac{10}{1000}\ \text{L} \times 2}_{(\text{COOH})_2\ の\ \text{H}^+\ 〔\text{mol}〕} = \underbrace{0.10\ \text{mol/L} \times \frac{x}{1000}\ 〔\text{L}〕 \times 1}_{\text{NaOH}\ の\ \text{OH}^-\ 〔\text{mol}〕}$$

$x = 20$ mL

よって，水酸化ナトリウム水溶液の滴下量が **20 mL** になったところで赤色に変化するため，④ が正しい色の変化を表す。

EXERCISE 10 ●中和滴定実験と指示薬

次に示す化合物群のいずれかを用いて調製された 0.01 mol/L 水溶液A～Cがある。各水溶液 100 mL ずつを別々のビーカーにとり，指示薬としてフェノールフタレインを加え，0.1 mol/L 塩酸または 0.1 mol/L NaOH 水溶液で中和滴定を試みた。次に指示薬をメチルオレンジに変えて同じ実験を行った。それぞれの実験により，下の**表 1** の結果を得た。水溶液A～Cに入っていた化合物の組合せとして最も適当なものを，下の①～⑧のうちから一つ選べ。

化合物群：NH_3　KOH　$Ca(OH)_2$　CH_3COOH　HNO_3

表 1

水溶液	フェノールフタレインを用いたときの色の変化	メチルオレンジを用いたときの色の変化	中和に要した液量〔mL〕
A	赤から無色に，徐々に変化した	黄から赤に，急激に変化した	10
B	赤から無色に，急激に変化した	黄から赤に，急激に変化した	20
C	無色から赤に，急激に変化した	赤から黄に，徐々に変化した	10

	Aに入っていた化合物	Bに入っていた化合物	Cに入っていた化合物
①	KOH	$Ca(OH)_2$	CH_3COOH
②	KOH	$Ca(OH)_2$	HNO_3
③	KOH	NH_3	CH_3COOH
④	KOH	NH_3	HNO_3
⑤	NH_3	$Ca(OH)_2$	CH_3COOH
⑥	NH_3	$Ca(OH)_2$	HNO_3
⑦	NH_3	KOH	CH_3COOH
⑧	NH_3	KOH	HNO_3

（2017 センター化学基礎 本試）

解答 ⑤

解説 溶液の色が「急激に変化した」のは中和点付近でpHが急激に変化するためである。これより，酸，塩基の強弱を判断することができる。

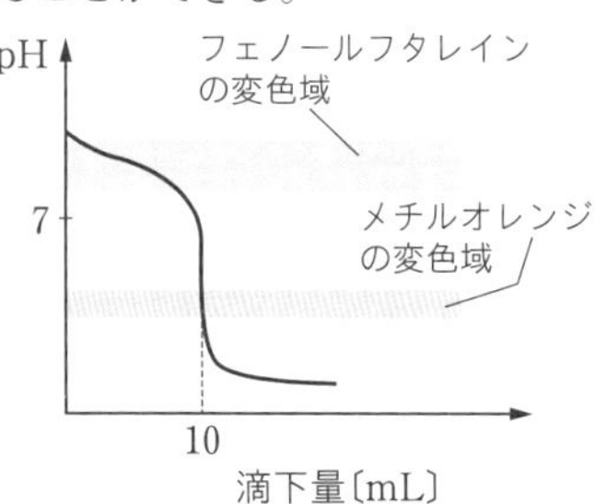

A　メチルオレンジを用いたときのみ溶液の色が急激に変化したことから，**強酸－弱塩基**の滴定であるとわかる。また，フェノールフタレインを加えたとき，はじめに赤色を呈していることから，**塩基の水溶液に酸の水溶液を滴下している**ことがわかる。よって，Aは弱塩基の**アンモニア水 NH_3** であり，そこに強酸である塩酸HClを滴下していると判断できる。

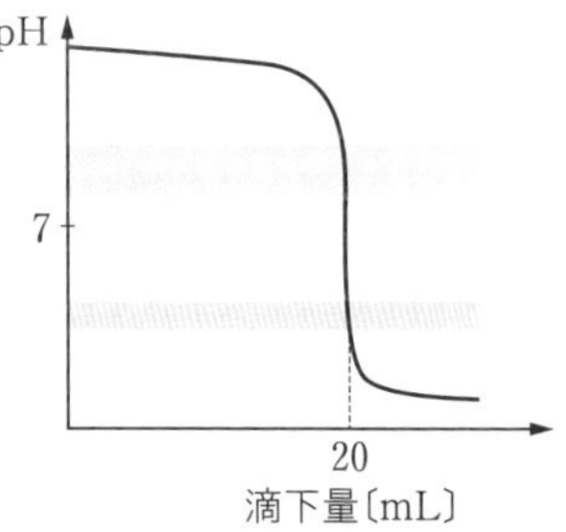

B　フェノールフタレイン，メチルオレンジを用いたとき，ともに溶液の色が急激に変化したことから，**強酸－強塩基**の滴定であるとわかる。また，フェノールフタレインを加えたとき，はじめに赤色を呈していることから，**塩基の水溶液に酸の水溶液を滴下している**ことがわかる。さらに，中和に要する液量が水溶液A，Cの2倍であることから，2価の塩基であることもわかる。よって，Bは**2価**の強塩基の**水酸化カルシウム水溶液 $Ca(OH)_2$** であり，そこに強酸である塩酸を滴下していると判断できる。

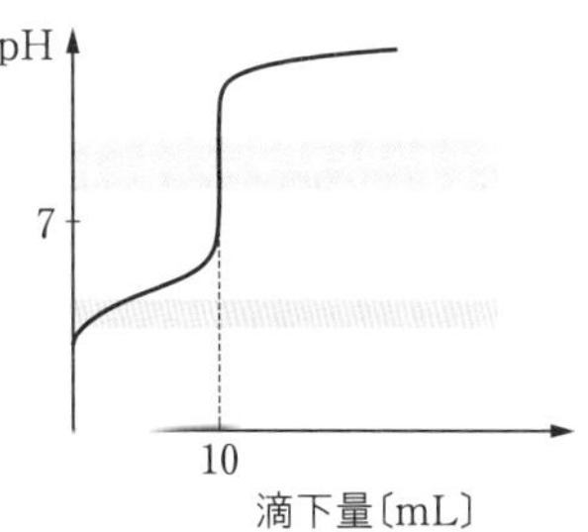

C　フェノールフタレインを用いたときのみ溶液の色が急激に変化したことから，**弱酸－強塩基**の滴定であるとわかる。また，フェノールフタレインを加えたとき，はじめに無色を呈していることから，**酸の水溶液に塩基を滴下している**ことがわかる。よって，Cは弱酸の**酢酸水溶液 CH_3COOH** であり，そこに強塩基である水酸化ナトリウム水溶液NaOHを滴下していると判断できる。

EXCERCISE 11 ●滴定曲線

1価の酸の 0.2 mol/L 水溶液 10 mL を，ある塩基の水溶液で中和滴定した。塩基の水溶液の滴下量と pH の関係を**図1**に示す。以下の問い（**a**・**b**）に答えよ。

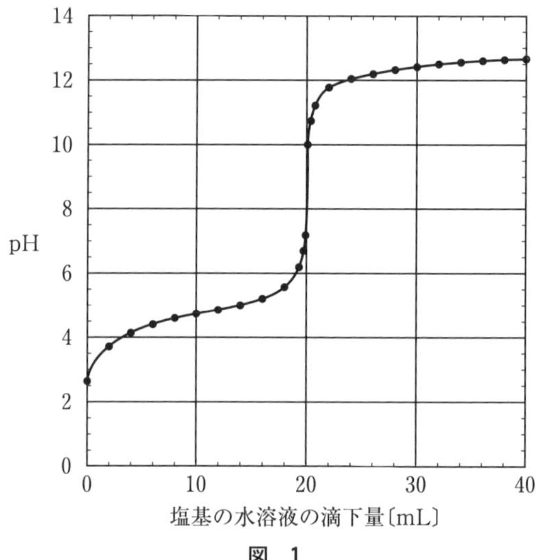

図 1

a この滴定に関する記述として**誤りを含むもの**を，次の①～⑤のうちから一つ選べ。

① この1価の酸は弱酸である。
② 滴定に用いた塩基の水溶液の pH は 12 より大きい。
③ 中和点における水溶液の pH は 7 である。
④ この滴定に適した指示薬はフェノールフタレインである。
⑤ この滴定に用いた塩基の水溶液を用いて，0.1 mol/L の硫酸 10 mL を中和滴定すると，中和に要する滴下量は 20 mL である。

b 滴定に用いた塩基の水溶液として最も適当なものを，次の①～⑥のうちから一つ選べ。

① 0.05 mol/L のアンモニア水
② 0.1 mol/L のアンモニア水
③ 0.2 mol/L のアンモニア水

④ 0.05 mol/L の水酸化ナトリウム水溶液
⑤ 0.1 mol/L の水酸化ナトリウム水溶液
⑥ 0.2 mol/L の水酸化ナトリウム水溶液

(2009 センター化学Ⅰ 本試)

解答 a ③ b ⑤

解説 a ① 中和点が塩基性であることから，**弱酸**と強塩基の滴定曲線であるとわかる。正しい。

② 滴定の中和点を超えた後の pH が 12 を超えているため，用いた**塩基の pH は 12 より大きい**とわかる。正しい。

③ 中和点の pH は 7 を超えているため，**塩基性**である。誤り。

④ 弱酸と強塩基の滴定には，指示薬として**フェノールフタレイン**を用いる。正しい。

⑤ 0.2 mol/L の 1 価の酸の水溶液 10 mL がもつ H^+ の物質量 $\left(0.2\,\text{mol/L} \times \frac{10}{1000}\,\text{L} \times 1\right)$ と，0.1 mol/L 硫酸 (2 価の酸) 10 mL がもつ H^+ の物質量 $\left(0.1\,\text{mol/L} \times \frac{10}{1000}\,\text{L} \times 2\right)$ は等しいため，中和に必要な水酸化ナトリウム水溶液の体積は変わらず **20 mL** である。正しい。

b この滴定は，弱酸と強塩基の滴定であるため，塩基として**水酸化ナトリウム**を用いているとわかる。

グラフより，中和に必要な水酸化ナトリウム水溶液の体積は 20 mL とわかる。水酸化ナトリウム水溶液のモル濃度を x〔mol/L〕とすると，中和反応の量的関係より，

$$\underbrace{0.2\,\text{mol/L} \times \frac{10}{1000}\,\text{L} \times 1}_{\text{酸の } H^+ \text{〔mol〕}} = \underbrace{x\,\text{〔mol/L〕} \times \frac{20}{1000}\,\text{L} \times 1}_{\text{NaOH の } OH^- \text{〔mol〕}}$$

$x = 0.1\,\text{mol/L}$

よって，滴定に用いた水溶液は，**0.1 mol/L の水酸化ナトリウム水溶液**である。

EXERCISE 12 ●滴定曲線と酸，塩基の種類

水溶液 **A** 150 mL をビーカーに入れ，水溶液 **B** をビュレットから滴下しながら pH の変化を記録したところ，**図 1** の曲線が得られた。水溶液 **A** および **B** として最も適当なものを，下の ①～⑨ のうちから一つずつ選べ。

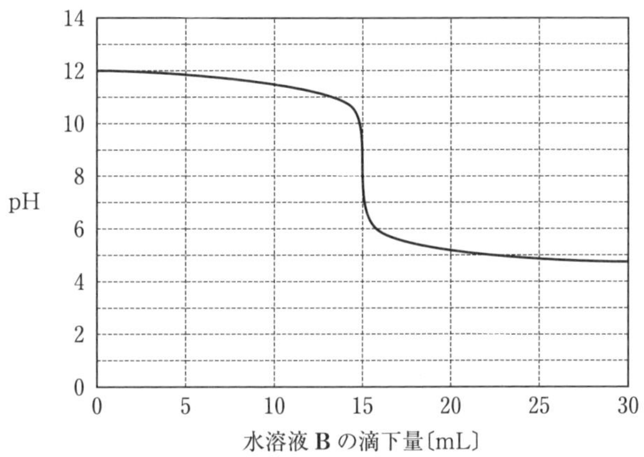

図 1

① 0.10 mol/L 塩酸
② 0.010 mol/L 塩酸
③ 0.0010 mol/L 塩酸
④ 0.10 mol/L 酢酸水溶液
⑤ 0.010 mol/L 酢酸水溶液
⑥ 0.0010 mol/L 酢酸水溶液
⑦ 0.10 mol/L 水酸化ナトリウム水溶液
⑧ 0.010 mol/L 水酸化ナトリウム水溶液
⑨ 0.0010 mol/L 水酸化ナトリウム水溶液

(2020 センター化学基礎 本試)

解答 A ⑧　B ④

解説 **A**　滴定の始点が pH 12 であるため，水溶液**A**は pH 12 とわかる。すなわち，水溶液**A**は $[H^+] = 10^{-12}$ mol/L であるため，

$[OH^-] = 10^{-2} = 0.010$ mol/L となることから，水溶液**A**は **0.010 mol/L 水**

$[H^+][OH^-] = 10^{-14}$ なので，$[OH^-] = \frac{10^{-14}}{[H^+]} = \frac{10^{-14}}{10^{-12}} = 10^{-2}$ (➡ p.127)

酸化ナトリウム水溶液であるとわかる。

B　滴定曲線より，水溶液**B**の滴下量が 15 mL のところが中和点であり，その液性が塩基性 (pH > 7) であることから，用いた酸が弱酸の酢酸であるとわかる。酢酸水溶液のモル濃度を x〔mol/L〕とすると，中和反応の量的関係より，

$$\underbrace{x\,[\text{mol/L}] \times \frac{15}{1000}\text{L} \times 1}_{CH_3COOH \text{ の } H^+ \,[\text{mol}]} = \underbrace{0.010\ \text{mol/L} \times \frac{150}{1000}\text{L} \times 1}_{NaOH \text{ の } OH^- \,[\text{mol}]}$$

$$x = 0.10\ \text{mol/L}$$

よって，水溶液**B**は **0.10 mol/L の酢酸水溶液**であるとわかる。

EXERCISE 13 ●中和滴定実験と滴定曲線

濃度不明の水酸化ナトリウム水溶液の濃度を求めるために次の実験を行った。下の問い（**a**・**b**）に答えよ。（原子量 H＝1.0，C＝12，O＝16）

実験 6.30 g のシュウ酸二水和物 $(COOH)_2 \cdot 2H_2O$ を正確にはかり取り，これを水に溶かして 1000 mL にした。この水溶液をビュレットに入れ，コニカルビーカーに入れた 20.0 mL の水酸化ナトリウム水溶液を滴定した。

a 滴定中の pH の変化を表すグラフとして最も適当なものを，次の①～⑥のうちから一つ選べ。

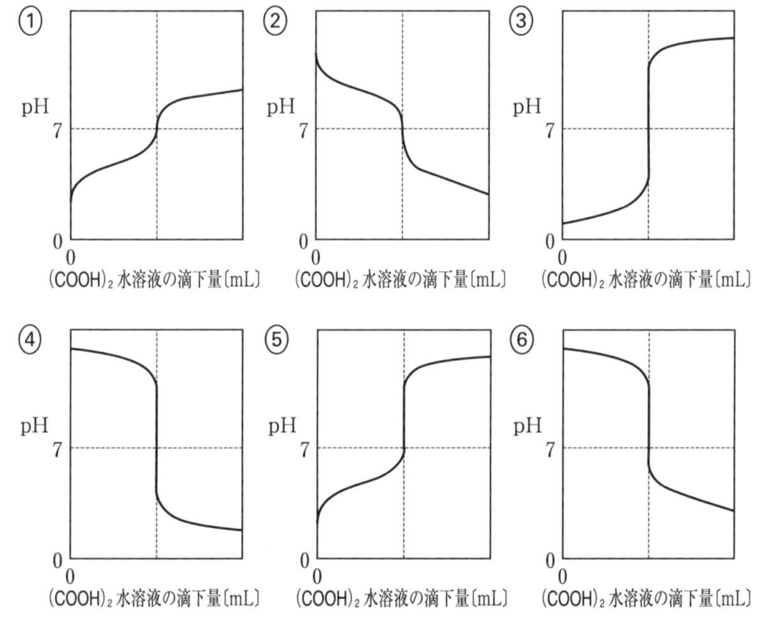

b 滴定を開始したときのビュレットの読みは，8.80 mL であり，中和点でのビュレットの液面の高さは**図1**のようになった。水酸化ナトリウム水溶液の濃度〔mol/L〕として，最も適当な数値を，後の①～⑥のうちから一つ選べ。ただし，ビュレットの数値の単位は mL である。

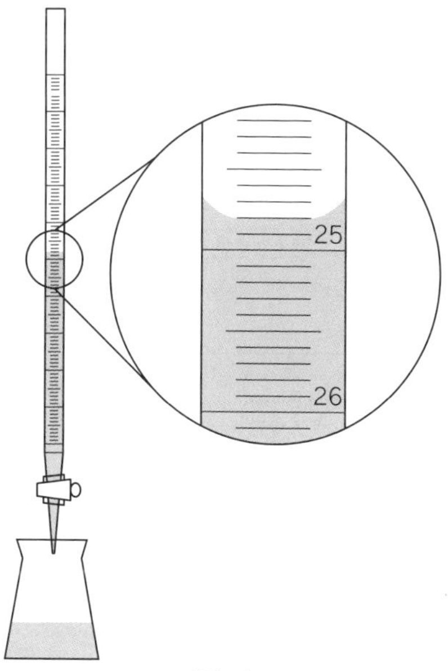

図　1

① 0.0350　② 0.0400　③ 0.0410　④ 0.0700
⑤ 0.0800　⑥ 0.0820

(2015 センター化学Ⅰ 本試)

解答　a ⑥　b ⑤

解説　a　**強塩基**である水酸化ナトリウム NaOH 水溶液に**弱酸**であるシュウ酸 $(COOH)_2$ 水溶液を滴下していくため，**pH は徐々に小さくなる**。また，中和点は**塩基性**となるため，正しいグラフは**⑥**である。

b　シュウ酸水溶液のモル濃度は，$(COOH)_2 \cdot 2H_2O = 126$ なので，

$$\frac{\dfrac{6.30\ \text{g}}{126\ \text{g/mol}}}{1.00\ \text{L}} = 0.0500\ \text{mol/L}$$

図 1 のビュレットの目盛りは 24.80 mL と読み取ることができるため，滴下したシュウ酸水溶液は $24.80 - 8.80 = 16.00$ mL となる。水酸化ナトリウム水溶液のモル濃度を x〔mol/L〕とすると，中和反応の量的関係より，

$$\underbrace{0.0500\ \text{mol/L} \times \frac{16.00}{1000}\text{L} \times 2}_{(COOH)_2\text{ の }H^+\text{〔mol〕}} = \underbrace{x\text{〔mol/L〕} \times \frac{20.0}{1000}\text{L} \times 1}_{NaOH\text{ の }OH^-\text{〔mol〕}}$$

$x =$ **0.0800 mol/L**

EXERCISE 14 ●中和滴定におけるイオン濃度の変化

0.10 mol/L の塩酸 10 mL に 0.10 mol/L の水酸化ナトリウム水溶液を滴下すると，この混合水溶液中に存在する各イオンのモル濃度はそれぞれ図のように変化する。曲線 a ～ c は H^+，Na^+，OH^- のどのイオンのモル濃度の変化を示しているか。最も適当な組合せを，下の ① ～ ⑥ のうちから一つ選べ。

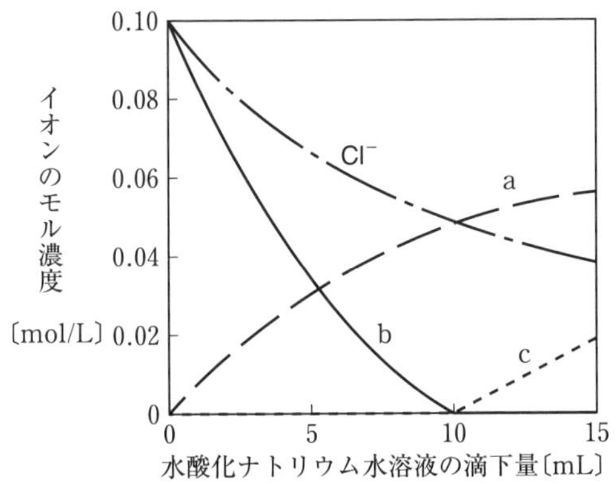

	曲線 a	曲線 b	曲線 c
①	Na^+	H^+	OH^-
②	Na^+	OH^-	H^+
③	OH^-	H^+	Na^+
④	OH^-	Na^+	H^+
⑤	H^+	Na^+	OH^-
⑥	H^+	OH^-	Na^+

(2016 センター化学基礎 追試)

解答 ①

解説 水溶液中では，HCl，NaOH，中和して生成した NaCl はいずれも電離し，イオンの状態で存在している。

$$HCl \longrightarrow H^+ + Cl^-$$
$$NaOH \longrightarrow Na^+ + OH^-$$
$$NaCl \longrightarrow Na^+ + Cl^-$$

塩酸に水酸化ナトリウム水溶液を加えると，水溶液中の H^+ と滴下した OH^- が中和して，水 H_2O が生じる。

$H^+ + OH^- \longrightarrow H_2O$

$[H^+]$ は水酸化ナトリウム水溶液を加えるにつれ**減少**し，中和反応が完了すると**ほとんど存在しない**。よって，**b**。

$[OH^-]$ は中和反応が完了するまでは**ほとんど増えない**が，中和反応が完了した後は水酸化ナトリウム水溶液を加えるにしたがい**増加**する。よって，**c**。

$[Na^+]$ は水酸化ナトリウム水溶液を加えるにしたがい**増加し続ける**。よって，**a**。

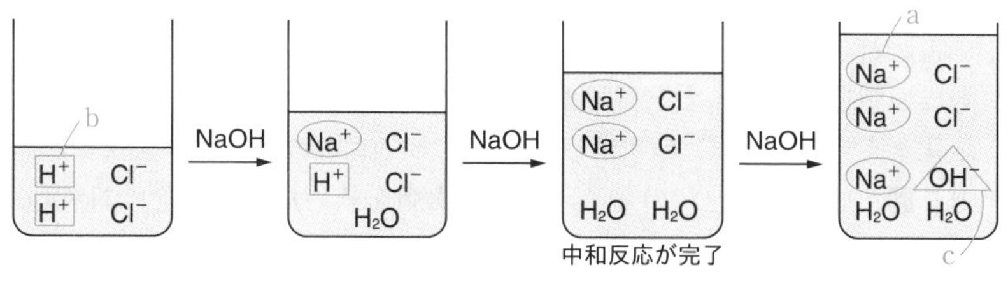

SUMMARY & CHECK

- ✔中和滴定の計算ができるか。 ➡ POINT 1
- ✔中和滴定で使う実験器具の名称，用途，洗浄方法が答えられるか。 ➡ POINT 2
- ✔指示薬の使い分けと色の変化が答えられるか。 ➡ POINT 3

チャレンジテスト（大学入学共通テスト実戦演習） 3

→解答は別冊 p. 9

1

陽イオン交換樹脂を用いた実験に関する次の問い（**問1・2**）に答えよ。

問1 電解質の水溶液中の陽イオンを水素イオン H^+ に交換するはたらきをもつ合成樹脂を，水素イオン型陽イオン交換樹脂という。

塩化ナトリウム NaCl の水溶液を例にとって，この陽イオン交換樹脂の使い方を**図1**に示す。粒状の陽イオン交換樹脂を詰めたガラス管に NaCl 水溶液を通すと，陰イオン Cl^- は交換されず，陽イオン Na^+ は水素イオン H^+ に交換され，HCl 水溶液（塩酸）が出てくる。一般に，交換される陽イオンと水素イオンの物質量の関係は，次のように表される。

（陽イオンの価数）×（陽イオンの物質量）＝（水素イオンの物質量）

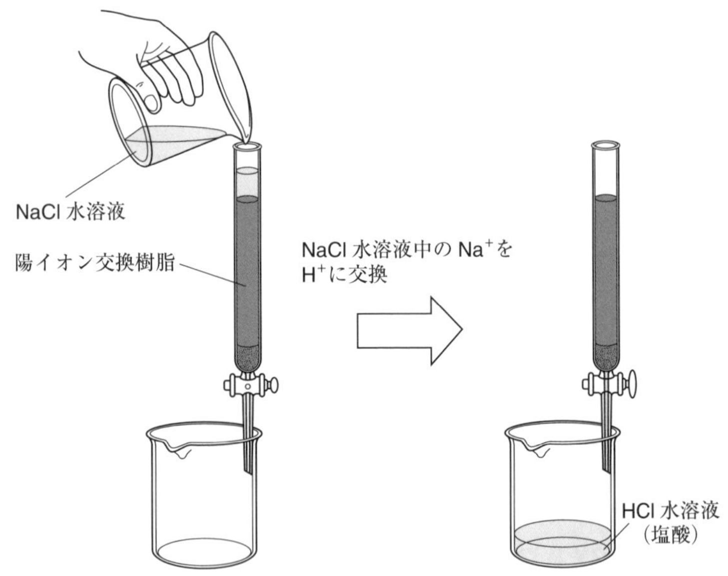

図1 陽イオン交換樹脂の使い方

後の問い（**a**・**b**）に答えよ。

a　NaCl は正塩に分類される。正塩で**ないもの**を，次の ①〜④ のうちから一つ選べ。

① $CuSO_4$　② Na_2SO_4　③ $NaHSO_4$　④ NH_4Cl

b　同じモル濃度，同じ体積の水溶液**ア〜エ**をそれぞれ，陽イオン交換樹脂に通し，陽イオンがすべて水素イオンに交換された水溶液を得た。得られた水溶液中の水素イオンの物質量が最も大きいものは**ア〜エ**のどれか。最も適当なものを，次の ①〜④ のうちから一つ選べ。

ア　KCl 水溶液　　**イ**　NaOH 水溶液
ウ　$MgCl_2$ 水溶液　　**エ**　CH_3COONa 水溶液

① **ア**　② **イ**　③ **ウ**　④ **エ**

問2　塩化カルシウム $CaCl_2$ には吸湿性がある。実験室に放置された塩化カルシウムの試料 A 11.5 g に含まれる水 H_2O の質量を求めるため，陽イオン交換樹脂を用いて次の**実験Ⅰ〜Ⅲ**を行った。この**実験**に関する下の問い（**a**〜**c**）に答えよ。

実験Ⅰ　試料 A 11.5 g を 50.0 mL の水に溶かし，(a)$CaCl_2$ 水溶液とした。この水溶液を陽イオン交換樹脂を詰めたガラス管に通し，さらに約 100 mL の純水で十分に洗い流して Ca^{2+} がすべて H^+ に交換された塩酸を得た。

実験Ⅱ　(b)**実験Ⅰ**で得られた塩酸を希釈して 500 mL にした。

実験Ⅲ　**実験Ⅱ**の希釈溶液をホールピペットで 10.0 mL とり，コニカルビーカーに移して，指示薬を加えたのち，0.100 mol/L の水酸化ナトリウム NaOH 水溶液で中和滴定した。中和点に達するまでに滴下した NaOH 水溶液の体積は 40.0 mL であった。

a　下線部(a)の $CaCl_2$ 水溶液の pH と最も近い pH の値をもつ水溶液を，次の ①〜④ のうちから一つ選べ。ただし，混合する酸および塩基の水溶液はすべて，濃度が 0.100 mol/L，体積は 10.0 mL とする。

① 希硫酸と水酸化カリウム水溶液を混合した水溶液
② 塩酸と水酸化カリウム水溶液を混合した水溶液
③ 塩酸とアンモニア水を混合した水溶液
④ 塩酸と水酸化バリウム水溶液を混合した水溶液

b　下線部(b)に用いた器具と操作に関する記述として最も適当なものを，次の ① ～ ④ のうちから一つ選べ。

① 得られた塩酸をビーカーで 50.0 mL はかりとり，そこに水を加えて 500 mL にする。

② 得られた塩酸をすべてメスフラスコに移し，水を加えて 500 mL にする。

③ 得られた塩酸をホールピペットで 50.0 mL とり，メスシリンダーに移し，水を加えて 500 mL にする。

④ 得られた塩酸をすべてメスシリンダーに移し，水を加えて 500 mL にする。

c　**実験Ⅰ～Ⅲ**の結果より，試料**A** 11.5 g に含まれる H_2O の質量は何 g か。最も適当な数値を，次の ① ～ ④ のうちから一つ選べ。ただし，$CaCl_2$ の式量は 111 とする。

① 0.4　② 1.5　③ 2.5　④ 2.6

(2021 共通テスト化学基礎 第1日程)

2 学校の授業で，ある高校生がトイレ用洗浄剤に含まれる塩化水素の濃度を中和滴定により求めた。次に示したものは，その実験報告書の一部である。この報告書を読み，問い（**問1～4**）に答えよ。

「まぜるな危険　酸性タイプ」の洗浄剤に含まれる塩化水素濃度の測定

【目的】

トイレ用洗浄剤のラベルに「まぜるな危険　酸性タイプ」と表示があった。このトイレ用洗浄剤は塩化水素を約10％含むことがわかっている。この洗浄剤（以下「試料」という）を水酸化ナトリウム水溶液で中和滴定し，塩化水素の濃度を正確に求める。

【試料の希釈】

滴定に際して，試料の希釈が必要かを検討した。塩化水素の分子量は36.5なので，試料の密度を1 g/cm^{3}と仮定すると，試料中の塩化水素のモル濃度は約3 mol/Lである。この濃度では，約0.1 mol/Lの水酸化ナトリウム水溶液を用いて中和滴定を行うには濃すぎるので，試料を希釈することとした。試料の希釈溶液10 mLに，約0.1 mol/Lの水酸化ナトリウム水溶液を15 mL程度加えたときに中和点となるようにするには，試料を［ア］倍に希釈するとよい。

【実験操作】

1．試料10.0 mLを，ホールピペットを用いてはかり取り，その質量を求めた。
2．試料を，メスフラスコを用いて正確に［ア］倍に希釈した。
3．この希釈溶液10.0 mLを，ホールピペットを用いて正確にはかり取り，コニカルビーカーに入れ，フェノールフタレイン溶液を2，3滴加えた。
4．ビュレットから0.103 mol/Lの水酸化ナトリウム水溶液を少しずつ滴下し，赤色が消えなくなった点を中和点とし，加えた水酸化ナトリウム水溶液の体積を求めた。
5．3と4の操作を，さらにあと2回繰り返した。

【結果】

1．実験操作1で求めた試料10.0 mLの質量は10.40 gであった。
2．この実験で得られた滴下量は次のとおりであった。

CHAPTER 3 酸と塩基

	加えた水酸化ナトリウム水溶液の体積〔mL〕
1回目	12.65
2回目	12.60
3回目	12.61
平均値	12.62

3．加えた水酸化ナトリウム水溶液の体積を，平均値 12.62 mL とし，試料中の塩化水素の濃度を求めた。なお，試料中の酸は塩化水素のみからなるものと仮定した。

(中略)

希釈前の試料に含まれる塩化水素のモル濃度は，2.60 mol/L となった。

4．試料の密度は，結果1より 1.04 g/cm^3 となるので，試料中の塩化水素（分子量 36.5）の質量パーセント濃度は［イ］% であることがわかった。

(以下略)

問1 ［ア］に当てはまる数値として最も適当なものを，次の①～⑤のうちから一つ選べ。

① 2　② 5　③ 10　④ 20　⑤ 50

問2 別の生徒がこの実験を行ったところ，水酸化ナトリウム水溶液の滴下量が，正しい量より大きくなることがあった。どのような原因が考えられるか。最も適当なものを，次の①～④のうちから一つ選べ。

① 実験操作3で使用したホールピペットが水でぬれていた。
② 実験操作3で使用したコニカルビーカーが水でぬれていた。
③ 実験操作3でフェノールフタレイン溶液を多量に加えた。
④ 実験操作4で滴定開始前にビュレットの先端部分にあった空気が滴定の途中でぬけた。

問3 ［イ］に当てはまる数値として最も適当なものを，次の①～⑤のうちから一つ選べ。

① 8.7　② 9.1　③ 9.5　④ 9.8　⑤ 10.3

問4　この「酸性タイプ」の洗浄剤と，次亜塩素酸ナトリウム NaClO を含む「まぜるな危険　塩素系」の表示のある洗浄剤を混合してはいけない。これは，式(1)のように弱酸である次亜塩素酸 HClO が生成し，さらに式(2)のように次亜塩素酸が塩酸と反応して，有毒な塩素が発生するためである。

$$NaClO + HCl \longrightarrow NaCl + HClO \quad \cdots(1)$$
$$HClO + HCl \longrightarrow Cl_2 + H_2O \quad \cdots(2)$$

式(1)の反応と類似性が最も高い反応は**あ**〜**う**のうちのどれか。また，その反応を選んだ根拠となる類似性は **a**，**b** のどちらか。反応と類似性の組合せとして最も適当なものを，下の ① 〜 ⑥ のうちから一つ選べ。

【反応】

あ　過酸化水素水に酸化マンガン（Ⅳ）を加えると気体が発生した。

い　酢酸ナトリウムに希硫酸を加えると刺激臭がした。

う　亜鉛に希塩酸を加えると気体が発生した。

【類似性】

a　弱酸の塩と強酸の反応である。

b　酸化還元反応である。

	反応	類似性
①	**あ**	**a**
②	**あ**	**b**
③	**い**	**a**
④	**い**	**b**
⑤	**う**	**a**
⑥	**う**	**b**

（大学入学共通テスト試行調査 化学基礎）

CHAPTER 3　酸と塩基

3 乾いた丸底フラスコにアンモニアを一定量捕集した後，**図1**のような装置を組み立てた。ゴム栓に固定したスポイト内の水を丸底フラスコの中に少量入れたところ，ビーカー内の水がガラス管を通って丸底フラスコ内に噴水のように噴き上がった。この実験に関する記述として**誤りを含むもの**を，下の ① ～ ⑥ のうちから一つ選べ。

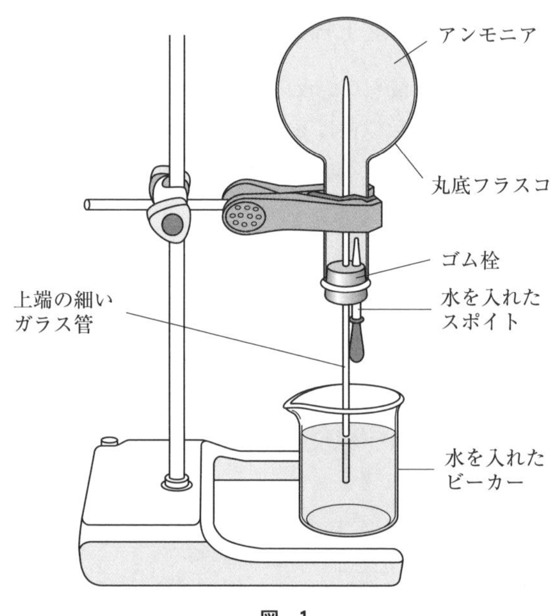

図 1

① アンモニアを丸底フラスコに捕集するときには上方置換法を用いる。

② ゴム栓がゆるんですき間があると，水が噴き上がらないことがある。

③ 丸底フラスコ内のアンモニアの量が少ないと，噴き上がる水の量が少なくなる。

④ 内側が水でぬれた丸底フラスコを用いると，水が噴き上がらないことがある。

⑤ ビーカーの水にBTB（ブロモチモールブルー）溶液を加えておくと，噴き上がった水は青くなる。

⑥ アンモニアの代わりにメタンを用いても，水が噴き上がる。

（2017 センター化学基礎 本試）

CHAPTER 4

酸化還元反応

THEME

11 酸化と還元

GUIDANCE 木が燃える，鉄がさびるなど，身のまわりの変化は，酸化還元反応によるものが多い。本 THEME では，酸化・還元の定義を理解し，酸化数の増減から酸化・還元を判断できるようにしよう。

POINT 1 酸化と還元 ★★

(1) 酸素の授受による定義

加熱した酸化銅（Ⅱ）CuO に水素 H_2 を反応させると，銅 Cu と水 H_2O が得られる。

$$CuO + H_2 \longrightarrow Cu + H_2O$$

（H_2 → H_2O：酸化された，CuO → Cu：還元された）

水素 H_2 のように**酸素を受け取る変化**を**酸化**といい，酸化銅（Ⅱ）CuO のように**酸素を失う変化**を**還元**という。

(2) 水素の授受による定義

ヨウ素 I_2 と硫化水素 H_2S を反応させると，ヨウ化水素 HI と硫黄 S が得られる。

$$I_2 + H_2S \longrightarrow 2HI + S$$

（H_2S → S：酸化された，I_2 → HI：還元された）

硫化水素 H_2S のように**水素を失う変化**を**酸化**といい，ヨウ素 I_2 のように**水素を受け取る変化**を**還元**という。

(3) 電子の授受による定義

銅 Cu と塩素 Cl_2 を反応させると，塩化銅（Ⅱ）$CuCl_2$ が得られる。

$$Cu + Cl_2 \longrightarrow CuCl_2$$

$CuCl_2$ は Cu^{2+} と Cl^- からなる物質であるため，電子 e^- を含む反応式で以下のように表される。

$$\begin{cases} Cu \longrightarrow Cu^{2+} + 2e^- & \text{酸化された} \\ Cl_2 + 2e^- \longrightarrow 2Cl^- & \text{還元された} \end{cases}$$

銅 Cu のように**電子を失う変化**を**酸化**といい，塩素 Cl_2 のように**電子を受け取る変化**を**還元**という。

EXERCISE 1 ●酸化と還元

酸化と還元に関する記述として下線部に**誤りを含むもの**を，次の①～④のうちから一つ選べ。

① マグネシウムは，空気中に放置すると還元されて，白い粉末を生じる。
② 鉄鉱石から鉄を製造する過程では，酸化鉄が還元されて，鉄を生じる。
③ 一酸化窒素は，空気中で酸化されて，二酸化窒素となる。
④ 都市ガスなどに含まれるメタンは，燃焼させると酸化されて，二酸化炭素と水を生じる。

(2005 センター化学ＩＡ 追試)

解答 ①

解説 ① $2Mg + O_2 \longrightarrow 2MgO$

マグネシウム Mg が酸素を受け取るため**酸化**されている。誤り。

② 鉄鉱石の主成分は Fe_2O_3 などの酸化鉄である。酸化鉄が酸素を失うため**還元**されている。

参考 鉄を製造する過程では，酸化鉄を一酸化炭素で還元している。

$$Fe_2O_3 + 3CO \longrightarrow 2Fe + 3CO_2$$

③ $2NO + O_2 \longrightarrow 2NO_2$

一酸化窒素 NO が酸素を受け取るため**酸化**されている。

④ $CH_4 + 2O_2 \longrightarrow CO_2 + 2H_2O$

メタン CH_4 が酸素と反応しているため**酸化**されている。

POINT 2 酸化数 ★★★

酸化還元反応では，電子の授受が行われるが，化学反応式だけでは電子の授受を判断することが難しい。そこで，**原子またはイオンがどの程度酸化または還元されているかを表す数値**である**酸化数**を用いて，酸化または還元の程度を判断する。酸化数は以下のルールに従って計算できる。

ルール1
(1) **単体の酸化数は 0** 例 Fe，O_3 など
(2) **イオンの酸化数はイオンの電荷と等しい** 例 Fe^{3+}（+3），S^{2-}（−2）
(3) **化合物全体の酸化数の和は 0**

ルール2
(1) **アルカリ金属（Na，K など）の酸化数は +1**
(2) **アルカリ土類金属（Ca，Ba など）の酸化数は +2**

ルール3 **水素Hの酸化数は +1**

ルール4 **酸素Oの酸化数は −2**

例 H_2SO_4 の S の酸化数

H_2SO_4 の S の酸化数を x とおく。

$$(+1)\times 2 + x + (-2)\times 4 = 0$$

（+1：Hの酸化数 ルール3，2：Hの数，x：Sの酸化数，−2：Oの酸化数 ルール4，4：Oの数，0：ルール1の(3)）

$$x = +6$$

注 ルール1 から順に決めていくため，H_2O_2 のOの酸化数は −1 となる。
$H_2\underline{O}_2$ のOの酸化数をxとする。 $(+1)\times 2 + x \times 2 = 0$ $x = -1$

（+1：Hの酸化数 ルール3，2：Hの数，x：Oの酸化数，2：Oの数，0：ルール1の(3)）

原子の酸化数が増加したとき，その**原子（またはその原子を含む物質）は酸化された**と判断できる。また，原子の酸化数が減少したとき，その**原子（またはその原子を含む物質）は還元された**と判断できる。

EXERCISE 2 ●酸化数①

下線を付した原子の酸化数を比べたとき，酸化数が最も大きいものを，次の ① ～ ④ のうちから一つ選べ。

① $H\underline{Cl}O_4$　② $H_3\underline{P}O_4$　③ $K\underline{N}O_3$　④ $Na_2\underline{S}O_4$

（2019 センター化学基礎 追試）

解答 ①

解説 求める酸化数を x とおく。

① $(+1) + x + (-2) \times 4 = 0$　$\boldsymbol{x = +7}$

(+1)：Hの酸化数［ルール3］、x：Clの酸化数、(−2)：Oの酸化数［ルール4］、4：Oの数、0：［ルール1］の(3)

② $(+1) \times 3 + x + (-2) \times 4 = 0$　$\boldsymbol{x = +5}$

③ $(+1) + x + (-2) \times 3 = 0$　$\boldsymbol{x = +5}$

④ $(+1) \times 2 + x + (-2) \times 4 = 0$　$\boldsymbol{x = +6}$

EXERCISE 3 ●酸化数②

次のイオン（**ア**～**ウ**）を，下線で示した原子の酸化数が大きい順に並べたものはどれか。最も適当なものを，下の ① ～ ⑥ のうちから一つ選べ。

ア $\underline{N}O_3^-$　**イ** $\underline{C}O_3^{2-}$　**ウ** $\underline{Mn}O_4^-$

① **ア** ＞ **イ** ＞ **ウ**　② **ア** ＞ **ウ** ＞ **イ**　③ **イ** ＞ **ア** ＞ **ウ**
④ **イ** ＞ **ウ** ＞ **ア**　⑤ **ウ** ＞ **ア** ＞ **イ**　⑥ **ウ** ＞ **イ** ＞ **ア**

（2015 センター化学基礎 追試）

解答 ⑤

解説 求める酸化数を x とおく。

ア $x + (-2) \times 3 = -1$　$\boldsymbol{x = +5}$

x：Nの酸化数、(−2)：Oの酸化数、3：Oの数、−1：［ルール1］の(2)

イ $x + (-2) \times 3 = -2$　$\boldsymbol{x = +4}$

ウ $x + (-2) \times 4 = -1$　$\boldsymbol{x = +7}$

よって，酸化数は **ウ ＞ ア ＞ イ** となる。

CHAPTER 4 酸化還元反応

EXERCISE 4 ●酸化数の変化

鉄の酸化に関する次の文章中の ア ～ ウ に当てはまる数値の組合せとして正しいものを，下の①～⑧のうちから一つ選べ。

鉄の酸化反応は，化学カイロや，食品の酸化を防ぐために使われる脱酸素剤に利用されている。次の化学反応式は，鉄の酸化の例を示したものである。

$$4Fe + 3O_2 \longrightarrow 2Fe_2O_3$$

この化学反応式において，鉄原子の酸化数は 0 から ア へ変化し，一方，酸素原子の酸化数は イ から ウ へ変化している。

	ア	イ	ウ
①	+2	0	+2
②	+2	0	−2
③	+2	−2	0
④	+2	−2	−1
⑤	+3	0	+2
⑥	+3	0	−2
⑦	+3	−2	0
⑧	+3	−2	−1

（2021 共通テスト化学基礎 第 2 日程）

解答 ⑥

解説 **イ** O_2 は単体であるため，O の酸化数は **0** である。

ア，ウ 化合物中の O の酸化数は **−2** である。Fe_2O_3 中の Fe の酸化数を x とおくと，

$$2x + (-2) \times 3 = 0 \qquad \boldsymbol{x = +3}$$

EXERCISE 5 ●酸化数と酸化・還元

次の化学反応式①〜④のうち，下線で示した原子が還元されているものを一つ選べ。

① $\underline{Si}O_2 + Na_2CO_3 \longrightarrow Na_2SiO_3 + CO_2$
② $4H\underline{N}O_3 \longrightarrow 4NO_2 + 2H_2O + O_2$
③ $K_2\underline{Cr}_2O_7 + 2KOH \longrightarrow 2K_2CrO_4 + H_2O$
④ $2K\underline{I} + Cl_2 \longrightarrow I_2 + 2KCl$

(2014 センター化学Ⅰ 本試)

解答 ②

解説 ① 反応前後で Si の酸化数が +4 のまま変わっていないので，**酸化還元反応ではない。**

$$\underset{+4}{\underline{Si}}O_2 + Na_2CO_3 \longrightarrow Na_2\underset{+4}{\underline{Si}}O_3 + CO_2$$

② HNO_3 の N の酸化数が +5，NO_2 の N の酸化数が +4 である。反応前後で酸化数が減少しているため，HNO_3 の N は**還元されている。**

$$4H\underset{+5}{\underline{N}}O_3 \longrightarrow 4\underset{+4}{\underline{N}}O_2 + 2H_2O + O_2 \quad (+5 \xrightarrow{\text{減少}} +4)$$

③ 反応前後で Cr の酸化数が +6 のまま変わっていないので，**酸化還元反応ではない。**

④ KI の I の酸化数が −1，I_2 の I の酸化数が 0 である。反応前後で酸化数が増加しているため，KI の I は**酸化されている。**

$$2K\underset{-1}{\underline{I}} + Cl_2 \longrightarrow \underset{0}{\underline{I}_2} + 2KCl \quad (-1 \xrightarrow{\text{増加}} 0)$$

SUMMARY & CHECK

- ✔酸化，還元の判断をすることができるか。 ➡ POINT 1
- ✔酸化数が計算できるか。 ➡ POINT 2

CHAPTER 4 酸化還元反応

THEME 12

酸化剤，還元剤

GUIDANCE 酸化還元反応は酸化剤と還元剤が電子の授受を行っており，その量的関係を用いて濃度を測定することもできる。本 THEME では，酸化剤，還元剤の種類とその反応を確認し，酸化還元反応の計算をマスターしよう。

POINT 1 酸化剤，還元剤 ★★★

酸化還元反応で，**相手を酸化する物質**を**酸化剤**，**相手を還元する物質**を**還元剤**という。酸化と還元は同時に起こるため，**酸化剤自身は還元され**，**還元剤自身は酸化される**。酸化数の変化を見ることで，どの物質が酸化剤または還元剤としてはたらいているかを判断することができる。

EXERCISE 1 ●酸化剤

下線を付した物質が酸化剤としてはたらいている化学反応式を，次の①～④のうちから一つ選べ。

① $3\underline{CO} + Fe_2O_3 \longrightarrow 3CO_2 + 2Fe$

② $\underline{NH_4Cl} + NaOH \longrightarrow NH_3 + NaCl + H_2O$

③ $\underline{Na_2CO_3} + HCl \longrightarrow NaHCO_3 + NaCl$

④ $\underline{Br_2} + 2KI \longrightarrow 2KBr + I_2$

（2021 共通テスト化学基礎 第1日程）

解答 ④

解説 酸化剤は**自身が還元される**ため，反応前後で**酸化数が減少**する。

① Cの酸化数が +2（$\underline{C}O$）から +4（$\underline{C}O_2$）に増加しているため，CO は**還元剤**としてはたらいている。

$$3\underset{+2}{C}\underset{-2}{O} + Fe_2O_3 \longrightarrow 3\underset{+4}{C}\underset{-2}{O_2} + 2Fe$$

（C：+2 → +4 増加，O：−2 → −2 変化なし）

② 反応前後で酸化数の変化がないため，**酸化還元反応ではない**。

（N：−3，H：+1，Cl：−1，Na：+1，O：−2）

③　反応前後で酸化数の変化がないため，**酸化還元反応ではない**。
(Na：+1，C：+4，O：−2，H：+1，Cl：−1)

④　Br の酸化数が 0 ($\underline{Br}_2$) から −1 (K$\underline{Br}$) に減少しているため，Br_2 は**酸化剤**としてはたらいている。

EXERCISE 2 ●還元剤

下線で示す物質が還元剤としてはたらいている化学反応の式を，次の①～⑥のうちから一つ選べ。

① $2\underline{H_2O} + 2K \longrightarrow 2KOH + H_2$
② $\underline{Cl_2} + 2KBr \longrightarrow 2KCl + Br_2$
③ $\underline{H_2O_2} + 2KI + H_2SO_4 \longrightarrow 2H_2O + I_2 + K_2SO_4$
④ $\underline{H_2O_2} + SO_2 \longrightarrow H_2SO_4$
⑤ $\underline{SO_2} + Br_2 + 2H_2O \longrightarrow H_2SO_4 + 2HBr$
⑥ $\underline{SO_2} + 2H_2S \longrightarrow 3S + 2H_2O$

(2011 センター 化学Ⅰ 本試)

解答 ⑤

解説　還元剤は**自身が酸化される**ため，反応前後で**酸化数が増加**する。

①　H の酸化数が +1 ($\underline{H}_2O$) から 0 ($\underline{H}_2$) に減少しているため，H_2O は**酸化剤**としてはたらいている。

$$2\underset{+1}{\underline{H}_2}O + 2K \longrightarrow 2KOH + \underset{0}{\underline{H}_2}$$
(+1 → 0 減少)

②　Cl の酸化数が 0 ($\underline{Cl}_2$) から −1 (K$\underline{Cl}$) に減少しているため，Cl_2 は**酸化剤**としてはたらいている。

③　O の酸化数が −1 ($H_2\underline{O}_2$) から −2 ($H_2\underline{O}$) に減少しているため，H_2O_2 は**酸化剤**としてはたらいている。

④　O の酸化数が −1 ($H_2\underline{O}_2$) から −2 ($H_2S\underline{O}_4$) に減少しているため，H_2O_2 は**酸化剤**としてはたらいている。

⑤　S の酸化数が +4 ($\underline{S}O_2$) から +6 ($H_2\underline{S}O_4$) に増加しているため，SO_2 は**還元剤**としてはたらいている。

⑥　S の酸化数が +4 ($\underline{S}O_2$) から 0 ($\underline{S}$) に減少しているため，SO_2 は**酸化剤**としてはたらいている。

CHAPTER 4　酸化還元反応

POINT 2 酸化剤，還元剤の反応 ★★☆

酸化剤が電子を受け取る反応，または還元剤が電子を渡す反応を e^- を用いて表した反応式を半反応式という。半反応式は，以下の手順でつくる。

Step 1 物質の変化を書く。（　　は覚えておく）

例 MnO_4^- $\longrightarrow$ Mn^{2+}

Step 2 両辺のOの数を合わせるため，H_2O を補う。

例 MnO_4^- $\longrightarrow$ $Mn^{2+} + 4H_2O$

Step 3 両辺のHの数を合わせるため，H^+ を補う。

例 $MnO_4^- + 8H^+$ $\longrightarrow$ $Mn^{2+} + 4H_2O$

Step 4 両辺の電荷を合わせるため，e^- を補う。

例 $MnO_4^- + 8H^+ + 5e^- \longrightarrow Mn^{2+} + 4H_2O$

【酸化剤，還元剤の反応】

	化学式	名称	半反応式
酸化剤	$KMnO_4$	**過マンガン酸カリウム**（硫酸酸性）	$MnO_4^- + 8H^+ + 5e^- \longrightarrow Mn^{2+} + 4H_2O$
	$K_2Cr_2O_7$	**二クロム酸カリウム**（硫酸酸性）	$Cr_2O_7^{2-} + 14H^+ + 6e^- \longrightarrow 2Cr^{3+} + 7H_2O$
	H_2O_2	**過酸化水素**（硫酸酸性）	$H_2O_2 + 2H^+ + 2e^- \longrightarrow 2H_2O$
	O_3	オゾン	$O_3 + 2H^+ + 2e^- \longrightarrow O_2 + H_2O$
	H_2SO_4	熱濃硫酸	$H_2SO_4 + 2H^+ + 2e^- \longrightarrow SO_2 + 2H_2O$
	HNO_3	希硝酸	$HNO_3 + 3H^+ + 3e^- \longrightarrow NO + 2H_2O$
	HNO_3	濃硝酸	$HNO_3 + H^+ + e^- \longrightarrow NO_2 + H_2O$
還元剤	SO_2	二酸化硫黄	$SO_2 + 2H_2O \longrightarrow SO_4^{2-} + 4H^+ + 2e^-$
	H_2S	硫化水素	$H_2S \longrightarrow S + 2H^+ + 2e^-$
	$(COOH)_2$	**シュウ酸**	$(COOH)_2 \longrightarrow 2CO_2 + 2H^+ + 2e^-$
	KI	**ヨウ化カリウム**	$2I^- \longrightarrow I_2 + 2e^-$
	$FeSO_4$	**硫酸鉄（Ⅱ）**	$Fe^{2+} \longrightarrow Fe^{3+} + e^-$
	H_2O_2	**過酸化水素**	$H_2O_2 \longrightarrow O_2 + 2H^+ + 2e^-$

注1 H_2O_2 は，**酸化剤，還元剤いずれとしてもはたらく**ことができる。
SO_2 も H_2S などに対しては酸化剤としてはたらく。（例 $SO_2 + 2H_2S \longrightarrow 3S + 2H_2O$）

注2 シュウ酸 $(COOH)_2$ は $H_2C_2O_4$ と表すこともある。

酸化剤，還元剤の半反応式から e^- を消去すると，イオン反応式が得られる。

例 過マンガン酸イオンとシュウ酸のイオン反応式（硫酸酸性）

$$
\begin{array}{lrcll}
 & MnO_4^- + 8H^+ + 5e^- & \longrightarrow & Mn^{2+} + 4H_2O & \times 2 \\
+) & (COOH)_2 & \longrightarrow & 2CO_2 + 2H^+ + 2e^- & \times 5 \\
\hline
 & 2MnO_4^- + 6H^+ + 5(COOH)_2 & \longrightarrow & 2Mn^{2+} + 8H_2O + 10CO_2 &
\end{array}
$$

EXERCISE 3 ●酸化剤，還元剤の反応

酸化還元反応に関する記述として**誤りを含むもの**を，次の①～④のうちから一つ選べ。

① 酸化還元反応では，必ず酸素原子または水素原子が関与する。

② オゾンは，酸化剤としてはたらく。

③ シュウ酸は，還元剤としてはたらく。

④ 二酸化硫黄は，反応する相手によって酸化剤としても還元剤としてもはたらく。

（2018 センター化学基礎 追試）

解答 ①

解説 ① 酸化還元反応は電子の授受を伴う反応であり，**必ずしも酸素原子や水素原子が関与するとは限らない**。誤り。

② オゾン O_3 は以下のように**酸化剤**としてはたらく。正しい。

$$O_3 + 2H^+ + 2e^- \longrightarrow O_2 + H_2O$$

③ シュウ酸 $(COOH)_2$（または $H_2C_2O_4$）は以下のように**還元剤**としてはたらく。正しい。

$$(COOH)_2 \longrightarrow 2CO_2 + 2H^+ + 2e^-$$

④ 二酸化硫黄は通常，**還元剤**としてはたらくが，H_2S などに対しては酸化剤としてもはたらく。正しい。

CHAPTER 4 酸化還元反応

EXERCISE 4 ●還元剤としてはたらく物質

次に示す反応**ア**～**ウ**のうち，下線を付した化合物が還元剤としてはたらいているものはどれか。すべてを正しく選択しているものを，下の①～⑦のうちから一つ選べ。

ア　過酸化水素水に硫化水素水（硫化水素水溶液）を混合すると，水溶液が白濁する。

イ　硫酸で酸性にした過酸化水素水にヨウ化カリウム水溶液を少しずつ加えると，溶液が褐色になる。

ウ　二酸化炭素を金属マグネシウムと反応させると，黒色の炭素が生じる。

① **ア**　② **イ**　③ **ウ**　④ **ア**，**イ**
⑤ **ア**，**ウ**　⑥ **イ**，**ウ**　⑦ **ア**，**イ**，**ウ**

（2020 センター化学基礎 追試）

解答 ②

解説 **ア**　硫化水素 H_2S は還元剤としてはたらくため，過酸化水素は**酸化剤**としてはたらいている。

（酸化剤）$H_2O_2 + 2H^+ + 2e^- \longrightarrow 2H_2O$

（還元剤）$H_2S \longrightarrow S + 2H^+ + 2e^-$

イ　ヨウ化カリウム KI は**還元剤**としてはたらくため，過酸化水素は酸化剤としてはたらいている。

（酸化剤）$H_2O_2 + 2H^+ + 2e^- \longrightarrow 2H_2O$

（還元剤）$2I^- \longrightarrow I_2 + 2e^-$

ウ　二酸化炭素とマグネシウムを反応させると以下のように反応し，炭素が生じる。

$$CO_2 + 2Mg \longrightarrow 2MgO + C$$

C の酸化数が $+4$ から 0 に減少しているため，CO_2 は**酸化剤**としてはたらいている。

EXERCISE 5 ●酸化剤，還元剤の反応式

MnO_4^- は，中性または塩基性水溶液中では酸化剤としてはたらき，次の反応式のように，ある２価の金属イオン M^{2+} を酸化することができる。

$$MnO_4^- + aH_2O + be^- \longrightarrow MnO_2 + 2aOH^-$$
$$M^{2+} \longrightarrow M^{3+} + e^-$$

これらの反応式から電子 e^- を消去すると，反応全体は次のように表される。

$$MnO_4^- + cM^{2+} + aH_2O \longrightarrow MnO_2 + cM^{3+} + 2aOH^-$$

これらの反応式の係数 b と c の組合せとして正しいものを，次の①～⑥のうちから一つ選べ。

	b	c
①	2	1
②	2	2
③	2	3
④	3	1
⑤	3	2
⑥	3	3

（2017 センター化学基礎 本試）

解答 ⑥

解説 両辺の原子の種類と数，電荷を合わせれば係数を決定できるが，以下のように半反応式をつくる形で係数を決めてもよい。

両辺のＯの数を合わせると　$MnO_4^- \longrightarrow MnO_2 + 2H_2O$

両辺のＨの数を合わせると　$MnO_4^- + 4H^+ \longrightarrow MnO_2 + 2H_2O$

両辺の電荷を合わせると　$MnO_4^- + 4H^+ + 3e^- \longrightarrow MnO_2 + 2H_2O$

中性または塩基性水溶液中なので，H^+ を中和するため両辺に $4OH^-$ を補うと，両辺で $2H_2O$ が消え，以下の式(1)が得られる。

$$MnO_4^- + 2H_2O + \mathbf{3}e^- \longrightarrow MnO_2 + 4OH^- \quad \cdots(1)$$
$$M^{2+} \longrightarrow M^{3+} + e^- \quad \cdots(2)$$

(1)＋(2)×3 より，$3e^-$ を消去すると，

$$MnO_4^- + \mathbf{3}M^{2+} + 2H_2O \longrightarrow MnO_2 + \mathbf{3}M^{3+} + 4OH^-$$

EXERCISE 6 ●酸化力の強さ

次の酸化還元反応（**a**～**c**）が起こることが知られている。これらの反応だけからは，正しいかどうか**判断できない**記述を，下の①～⑤のうちから一つ選べ。

a　$O_3 + 2KI + H_2O \longrightarrow I_2 + 2KOH + O_2$
b　$O_2 + 2H_2S \longrightarrow 2H_2O + 2S$
c　$I_2 + H_2S \longrightarrow 2HI + S$

① O_3 は I_2 よりも酸化力が強い。
② O_2 は S よりも酸化力が強い。
③ I_2 は S よりも酸化力が強い。
④ O_2 は I_2 よりも酸化力が強い。
⑤ O_3 は S よりも酸化力が強い。

解答 ④

解説 **a**　O の酸化数が 0（$\underline{O}_3$）から −2（K$\underline{O}$H）に減少し，I の酸化数が −1（K$\underline{I}$）から 0（$\underline{I}_2$）に増加していることから，**O_3 が KI を酸化している**とわかる。よって，**O_3 は I_2 よりも酸化力が強い**（①）とわかる。（I_2 の方が O_3 より酸化力が強いとき，逆向きの反応が起こる。）

$$\underset{0}{\underline{O}_3} + 2K\underset{-1}{\underline{I}} + H_2O \longrightarrow \underset{0}{\underline{I}_2} + 2K\underset{-2}{\underline{O}}H + O_2$$

−1 → 0 増加 → KI は還元剤
0 → −2 減少 → O_3 は酸化剤

b　O の酸化数が 0（$\underline{O}_2$）から −2（$H_2\underline{O}$）に減少し，S の酸化数が −2（$H_2\underline{S}$）から 0（$\underline{S}$）に増加していることから，**O_2 が H_2S を酸化している**とわかる。よって，**O_2 は S よりも酸化力が強い**（②）とわかる。

c　I の酸化数が 0（$\underline{I}_2$）から −1（K$\underline{I}$）に減少し，S の酸化数が −2（$H_2\underline{S}$）から 0（$\underline{S}$）に増加していることから，**I_2 が H_2S を酸化している**とわかる。よって，**I_2 は S よりも酸化力が強い**（③）とわかる。

a と **c** の結果を比較すると，**O_3 は S よりも酸化力が強い**（⑤）とわかる。よって，正しいかどうか判断できないのは④である。

POINT 3 酸化還元滴定 ★★★

酸化還元反応では電子の授受が行われることから，酸化還元反応が過不足なく起こるとき，**酸化剤が受け取る電子 e^- の物質量と還元剤が放出する e^- の物質量が等しくなる**ため，以下の関係式が成立する。ただし，酸化剤，還元剤の価数とは，酸化剤（還元剤）1 mol が受け取る（放出する）電子の mol を表す。

酸化剤の受け取る e^- の物質量〔mol〕＝還元剤の放出する e^- の物質量〔mol〕

$$c\,[\mathrm{mol/L}] \times \frac{v}{1000}\,[\mathrm{L}] \times a = c'\,[\mathrm{mol/L}] \times \frac{v'}{1000}\,[\mathrm{L}] \times b$$

c：酸化剤のモル濃度〔mol/L〕　c'：還元剤のモル濃度〔mol/L〕

v：酸化剤の水溶液の体積〔mL〕　v'：還元剤の水溶液の体積〔mL〕

a：酸化剤の価数　b：還元剤の価数

酸化還元反応の量的関係を利用し，**濃度のわからない酸化剤（還元剤）の濃度を測定する操作**を**酸化還元滴定**という。過マンガン酸カリウム $KMnO_4$ 水溶液を用いる酸化還元滴定では，還元剤を**コニカルビーカー**（または三角フラスコ）に正確にはかり取り，希硫酸を加えた後，過マンガン酸カリウム水溶液を**ビュレット**から滴下する。反応が完了すると過マンガン酸カリウム水溶液の赤紫色が残るため，**コニカルビーカー内の溶液が薄い赤紫色になったところ**を滴定の終点とする。

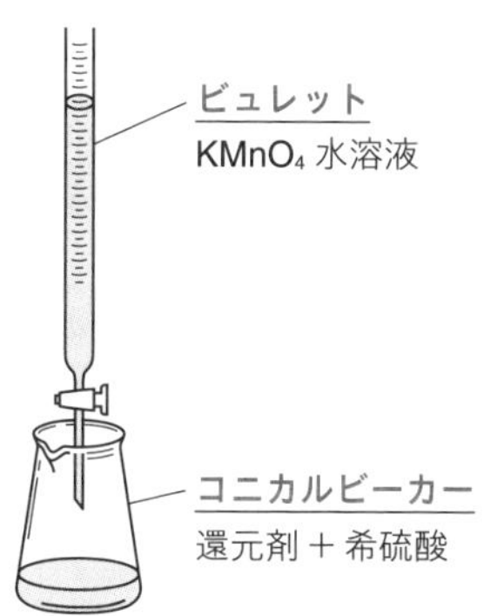

EXERCISE 7 ●酸化還元反応の量的関係

問1　濃度不明の過酸化水素水 10.0 mL を希硫酸で酸性にし，これに 0.0500 mol/L の過マンガン酸カリウム水溶液を滴下した。滴下量が 20.0 mL のときに赤紫色が消えずにわずかに残った。過酸化水素水の濃度〔mol/L〕として最も適当な数値を，下の ①～⑥ のうちから一つ選べ。ただし，過酸化水素および過マンガン酸イオンの反応は，電子を含む次のイオン反応式で表される。

$$H_2O_2 \longrightarrow O_2 + 2H^+ + 2e^-$$
$$MnO_4^- + 8H^+ + 5e^- \longrightarrow Mn^{2+} + 4H_2O$$

① 0.0250　② 0.0400　③ 0.0500　④ 0.250　⑤ 0.400
⑥ 0.500

(2015 センター化学 本試)

問2　物質**A**を溶かした水溶液がある。この水溶液を 2 等分し，それぞれの水溶液中の**A**を，硫酸酸性条件下で異なる酸化剤を用いて完全に酸化した。0.020 mol/L の過マンガン酸カリウム水溶液を用いると x〔mL〕が必要であり，0.010 mol/L の二クロム酸カリウム水溶液を用いると y〔mL〕が必要であった。x と y の量的関係を表す $\frac{x}{y}$ として最も適当な数値を，下の ①～⑧ のうちから一つ選べ。ただし，2 種類の酸化剤のはたらき方は，次式で表され，いずれの場合も**A**を酸化して得られる生成物は同じである。

$$MnO_4^- + 8H^+ + 5e^- \longrightarrow Mn^{2+} + 4H_2O$$
$$Cr_2O_7^{2-} + 14H^+ + 6e^- \longrightarrow 2Cr^{3+} + 7H_2O$$

① 0.50　② 0.60　③ 0.88　④ 1.1　⑤ 1.2
⑥ 1.7　⑦ 2.0　⑧ 2.4

(2016 センター化学 本試)

解答　**問1**　④　**問2**　②

解説　**問1**　MnO_4^- 1 mol は e^- を 5 mol 受け取るため **5 価の酸化剤**，H_2O_2 1 mol は e^- を 2 mol 放出するため **2 価の還元剤**である。過酸化水素水のモル濃度を x〔mol/L〕とすると，酸化還元反応の量的関係より，

$$\underbrace{0.0500\ \mathrm{mol/L} \times \frac{20.0}{1000}\mathrm{L} \times 5}_{\mathrm{MnO_4^-}\ の\ \mathrm{e^-}\ 〔\mathrm{mol}〕} = \underbrace{x\ 〔\mathrm{mol/L}〕 \times \frac{10.0}{1000}\mathrm{L} \times 2}_{\mathrm{H_2O_2}\ の\ \mathrm{e^-}\ 〔\mathrm{mol}〕}$$

$x = \mathbf{0.250\ mol/L}$

問2　MnO_4^- 1 mol は e^- を 5 mol 受け取るため **5 価の酸化剤**，$Cr_2O_7^{2-}$ 1 mol は e^- を 6 mol 受け取るため **6 価の酸化剤**である。水溶液中の A が **MnO_4^- から受け取る e^- の物質量と $Cr_2O_7^{2-}$ から受け取る e^- の物質量は等しい**。酸化還元反応の量的関係より，

$$\underbrace{0.020\ \mathrm{mol/L} \times \frac{x}{1000}\ 〔\mathrm{L}〕 \times 5}_{\mathrm{MnO_4^-}\ の\ \mathrm{e^-}\ 〔\mathrm{mol}〕} = \underbrace{0.010\ \mathrm{mol/L} \times \frac{y}{1000}\ 〔\mathrm{L}〕 \times 6}_{\mathrm{Cr_2O_7^{2-}}\ の\ \mathrm{e^-}\ 〔\mathrm{mol}〕}$$

$\frac{x}{y} = \frac{3}{5} = \mathbf{0.60}$

EXERCISE 8 ●酸化還元反応と電子の授受

MnO_2 と HCl から，$MnCl_2$，Cl_2 および H_2O が生成する反応で，0.25 mol の Cl_2 が生成したとき，Mn が受け取る電子は何 mol か。最も適当な数値を，次の ① ～ ⑥ のうちから一つ選べ。

① 0.25　② 0.50　③ 1.0　④ 2.0　⑤ 4.0　⑥ 6.0

（2020 センター化学基礎 追試）

解答 ②

解説　反応物と生成物の化学式より，$\underset{+4}{\underline{Mn}}O_2$ が $\underset{+2}{\underline{Mn}}^{2+}$ ($MnCl_2$) に**還元**され，$H\underset{-1}{\underline{Cl}}$ が $\underset{0}{\underline{Cl_2}}$ に**酸化**されていることがわかる。この変化を半反応式で表すと，

（酸化剤）　$MnO_2 + 4H^+ + 2e^- \longrightarrow Mn^{2+} + 2H_2O$　…(1)

（還元剤）　$2HCl \longrightarrow Cl_2 + 2H^+ + 2e^-$　…(2)

式(2)より，0.25 mol の Cl_2 が生成したとき，HCl が放出する e^- は，

$0.25\ \mathrm{mol} \times 2 = \mathbf{0.50\ mol}$

これは，MnO_2 が受け取る e^- の物質量と等しい。

注　この問題では，式(1)は書けなくても解答することはできる。ちなみに全体の化学反応式は以下のようになる。

$MnO_2 + 4HCl \longrightarrow MnCl_2 + Cl_2 + 2H_2O$

CHAPTER 4 酸化還元反応

EXERCISE 9 ●酸化還元反応とグラフ

過マンガン酸カリウム $KMnO_4$ と過酸化水素 H_2O_2 の酸化剤あるいは還元剤としてのはたらきは，電子を含む次のイオン反応式で表される。

$$MnO_4^- + 8H^+ + 5e^- \longrightarrow Mn^{2+} + 4H_2O \quad \cdots(1)$$

$$H_2O_2 \longrightarrow O_2 + 2H^+ + 2e^- \quad \cdots(2)$$

過酸化水素 x〔mol〕を含む硫酸酸性水溶液に過マンガン酸カリウム水溶液を加えたところ，酸素が発生した。この反応における加えた過マンガン酸カリウムの物質量と，未反応の過酸化水素の物質量との関係は，図のようになった。次の問い（**a**・**b**）に答えよ。

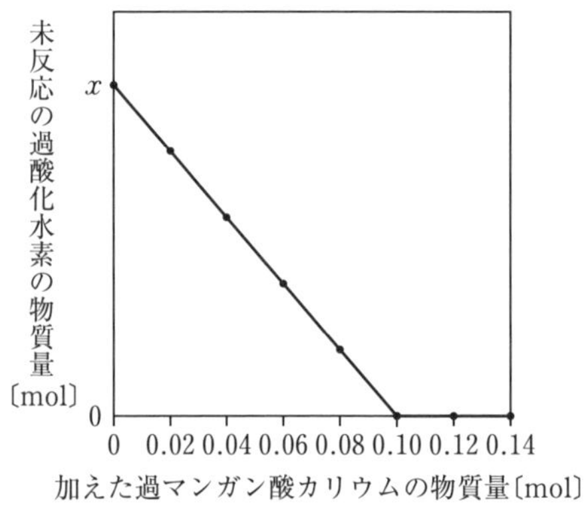

a　反応式(2)における酸素原子の酸化数の変化として正しいものを，次の①～⑤のうちから一つ選べ。

①　2 減る。　②　1 減る。　③　変化しない。
④　1 増える。　⑤　2 増える。

b　反応前の過酸化水素の物質量 x は何 mol か。最も適当な数値を，次の①～⑥のうちから一つ選べ。

①　0.010　②　0.025　③　0.040
④　0.25　⑤　0.40　⑥　1.0

（2018 センター化学基礎 追試）

解答 a ④　b ④

解説 a H_2O_2 の酸素原子の酸化数は −1 で，O_2 の酸素原子の酸化数が 0 であるため，反応式(2)で酸素原子の酸化数は **1 増える**。

b グラフより，H_2O_2 x〔mol〕と MnO_4^- 0.10 mol が過不足なく反応するため，

$$\underbrace{0.10\ \text{mol} \times 5}_{MnO_4^-\ の\ e^-\ 〔mol〕} = \underbrace{x \times 2}_{H_2O_2\ の\ e^-\ 〔mol〕}$$

$$x = \mathbf{0.25\ mol}$$

別解 (1)×2＋(2)×5 より，$10e^-$ を消去すると，

$$2MnO_4^- + 6H^+ + 5H_2O_2 \longrightarrow 2Mn^{2+} + 8H_2O + 5O_2$$

反応式より，MnO_4^- 1 mol と反応する H_2O_2 は $\frac{5}{2}$ mol である。グラフより，H_2O_2 x〔mol〕と MnO_4^- 0.10 mol が過不足なく反応するため，

$$x = 0.10\ \text{mol} \times \frac{5}{2} = \mathbf{0.25\ mol}$$

SUMMARY & CHECK

- ✔酸化剤，還元剤の判断ができるか。 ➡ POINT 1
- ✔酸化剤，還元剤の反応式が書けるか。 ➡ POINT 2
- ✔酸化還元反応の計算ができるか。 ➡ POINT 3

THEME 13

金属の酸化還元反応

GUIDANCE **金属が酸に溶けるときやさびるときには，金属の単体が電子を失い陽イオンに変化するため，酸化還元反応を起こす。本 THEME では，金属のイオン化傾向と金属の反応性を理解し，酸化還元反応を応用した電池の原理も理解しよう。**

POINT 1 金属のイオン化傾向 ★★★

水溶液中で**金属の単体が電子を失い陽イオンになろうとする性質**を，金属の**イオン化傾向**といい，金属をイオン化傾向の順に並べたものを**イオン化列**という。以下のイオン化列は覚えておこう。

リッチに	貸そう	か	な	ま	あ	あ	て	に	す	な	ひ	ど	す	ぎる	借	金
Li	K	Ca	Na	Mg	Al	Zn	Fe	Ni	Sn	Pb	(H_2)	Cu	Hg	Ag	Pt	Au
(反応性㊜)																(反応性㊛)

例えば，亜鉛板 Zn を硫酸銅（Ⅱ）$CuSO_4$ の水溶液に浸すと，亜鉛 Zn が Zn^{2+} となって溶け出し，Cu^{2+} が金属の銅 Cu となり析出する。これは，**イオン化傾向が Zn ＞ Cu であり，Zn の方が Cu より陽イオンになりやすい**ため反応が起こる。

$$Zn + Cu^{2+} \longrightarrow Zn^{2+} + Cu$$

それに対し，銀板 Ag を硫酸銅（Ⅱ）$CuSO_4$ の水溶液に浸しても何も変化がない。これは，**イオン化傾向が Cu ＞ Ag であり，Cu の方が Ag より陽イオンになりやすい**ため，反応が起こらない。

EXERCISE 1 ●金属のイオン化傾向

金属Aと金属Bは，Au，Cu，Znのいずれかである。AとBの金属板の表面をよく磨いて，金属イオンを含む水溶液にそれぞれ浸した。金属板の表面を観察したところ，表のようになった。AとBの組合せとして最も適当なものを，下の①～⑥のうちから一つ選べ。ただし，金属をイオン化傾向の大きな順に並べた金属のイオン化列は，

Zn ＞ Sn ＞ Pb ＞ Cu ＞ Ag ＞ Au

である。

金属	水溶液に含まれる金属イオン	観察結果
A	Cu^{2+}	金属が析出した
A	Pb^{2+}	金属が析出した
A	Sn^{2+}	金属が析出した
B	Ag^{+}	金属が析出した
B	Pb^{2+}	金属は析出しなかった
B	Sn^{2+}	金属は析出しなかった

	金属A	金属B
①	Au	Cu
②	Au	Zn
③	Cu	Au
④	Cu	Zn
⑤	Zn	Au
⑥	Zn	Cu

（2018 センター化学基礎 追試）

解答 ⑥

解説 金属Aは，Cu^{2+}，Pb^{2+}，Sn^{2+} を含む水溶液に浸すと金属が析出するため，Aのイオン化傾向は**Sn，Pb，Cuよりも大きい**とわかる。よって，Aは**Zn**である。

金属Bは Ag^{+} を含む水溶液に浸すと金属が析出し，Pb^{2+}，Sn^{2+} を含む水溶液に浸しても何も起こらないため，Bのイオン化傾向は**Agよりも大きく，Sn，Pbよりも小さい**とわかる。よって，Bは**Cu**である。

POINT 2 金属の反応性 ★★☆

金属の単体の反応性は，イオン化傾向と大きな関わりがある。イオン化傾向が小さくなるほど陽イオンになりにくいため，より強力な試薬を用いなければ溶かすことができない。

(1) 水との反応

イオン化傾向のとても大きい**アルカリ金属**や **Ca 以下のアルカリ土類金属**の単体は，**冷水に水素を発生しながら溶ける**。

$$2Na + 2H_2O \longrightarrow 2NaOH + H_2$$

Mg は，冷水には溶けないが**熱水には溶ける**。
また，**Al**，**Zn**，**Fe** は高温の水蒸気と反応し，酸化物となる。

(2) 酸との反応

H_2 よりイオン化傾向の**大きい**金属は，水溶液中で電離し H^+ を放出する希塩酸や希硫酸などの**強酸の水溶液に水素を発生しながら溶ける**。

$$Zn + H_2SO_4 \longrightarrow ZnSO_4 + H_2 \quad (Zn + 2H^+ \longrightarrow Zn^{2+} + H_2)$$

H_2 よりイオン化傾向の**小さい Cu** や **Ag** は，希塩酸や希硫酸などの強酸には溶けないが，**硝酸**や**熱濃硫酸**のように**酸化力をもつ酸には溶ける**。用いる酸により発生する気体が異なり，希硝酸に溶かすと NO が，濃硝酸に溶かすと NO_2 が，熱濃硫酸に溶かすと SO_2 が発生する。

（希硝酸）　$3Cu + 8HNO_3 \longrightarrow 3Cu(NO_3)_2 + 2NO + 4H_2O$

（濃硝酸）　$Cu + 4HNO_3 \longrightarrow Cu(NO_3)_2 + 2NO_2 + 2H_2O$

（熱濃硫酸）　$Cu + 2H_2SO_4 \longrightarrow CuSO_4 + SO_2 + 2H_2O$

ただし，**Al**，**Fe**，**Ni** は**表面に緻密な酸化被膜をつくり内部を保護する**不動態となるため，濃硝酸に溶けない。

イオン化傾向の**とても小さい Pt**，**Au** は，**濃硝酸と濃塩酸を 1：3 の体積比で混合**した王水にのみ溶ける。

<table>
<tr><td>Li K Ca Na</td><td>Mg</td><td>Al Zn Fe</td><td>Ni Sn Pb</td><td>(H₂) Cu Hg Ag</td><td>Pt Au</td></tr>
<tr><td>冷水に溶解</td><td></td><td></td><td></td><td></td><td></td></tr>
<tr><td colspan="2">熱水に溶解</td><td></td><td></td><td></td><td></td></tr>
<tr><td colspan="3">**高温の水蒸気**と反応</td><td></td><td></td><td></td></tr>
<tr><td colspan="4">**強酸**（希塩酸や希硫酸）に溶解 [注1]</td><td></td><td></td></tr>
<tr><td colspan="5">**酸化力をもつ酸**（硝酸や熱濃硫酸）に溶解 [注2]</td><td></td></tr>
<tr><td colspan="6">王水に溶解</td></tr>
</table>

注1 Pb は表面に $PbCl_2$, $PbSO_4$ の不溶性の被膜をつくるため，希塩酸，希硫酸には溶けにくい。

注2 Al, Fe, Ni は不動態となるため，濃硝酸に溶けない。

EXERCISE 2 ●金属と水，酸の反応①

金属の Ag，Al，Ca，Fe，Li を，常温の水および希硫酸に対する反応性で分類した。その分類として最も適当なものを，次の①～⑧のうちから一つ選べ。

	常温の水および希硫酸のいずれとも激しく反応して水素を発生するもの	常温の水とはほとんど反応しないが，希硫酸とは反応して水素を発生するもの	いずれともほとんど反応しないもの
①	Ag，Ca	Al，Fe	Li
②	Al，Li	Ag，Ca	Fe
③	Ag	Ca，Fe	Al，Li
④	Ca，Li	Al	Ag，Fe
⑤	Ag，Ca	Al，Li	Fe
⑥	Al，Li	Ca，Fe	Ag
⑦	Ag	Al，Fe	Ca，Li
⑧	Ca，Li	Al，Fe	Ag

（2017 センター化学基礎 追試）

解答 ⑧

解説 常温の水と反応するものは，イオン化傾向のとても大きい **Li**，**Ca** である。これらは希硫酸とも反応する。

常温の水とは反応しないが希硫酸とは反応するものは，イオン傾向が H_2 より大きく Na より小さい **Al**，**Fe** である。

常温の水とも希硫酸とも反応しないのは，イオン化傾向が H_2 よりも小さい **Ag** である。

CHAPTER 4 酸化還元反応

EXERCISE 3 ●金属と水，酸の反応②

金属の単体の反応に関する記述として**誤りを含むもの**を，次の①～⑤のうちから一つ選べ。

① 銀は，希硫酸と反応して水素を発生する。
② カルシウムは，水と反応して水素を発生する。
③ 亜鉛は，塩酸と反応して水素を発生する。
④ スズは，希硫酸と反応して水素を発生する。
⑤ アルミニウムは，高温の水蒸気と反応して水素を発生する。

(2015 センター化学基礎 追試)

解答 ①

解説 ① 銀 Ag はイオン化傾向が H_2 より小さいため，**希硫酸には溶けない**。誤り。

② カルシウム Ca はイオン化傾向がとても大きいため，水に水素を発生しながら溶ける。正しい。

③，④ 亜鉛 Zn，スズ Sn はイオン化傾向が H_2 より大きいため，塩酸や希硫酸に水素を発生しながら溶ける。正しい。

⑤ アルミニウムは，高温の水蒸気と反応し，水素を発生する。正しい。

EXERCISE 4 ●金属の溶解

金属の溶解をともなう反応に関する記述として正しいものを，次の①～④のうちから一つ選べ。

① 硝酸銀水溶液に鉄くぎを入れると，鉄が溶け，銀が析出する。
② 硫酸銅(Ⅱ)水溶液に亜鉛板を入れると，亜鉛が溶け，水素が発生する。
③ 希硝酸に銅板を入れると，銅が溶け，水素が発生する。
④ 濃硝酸にアルミニウム板を入れると，アルミニウム板が溶け続ける。

(2020 センター化学基礎 本試)

解答 ①

解説 ① イオン化傾向が Fe ＞ Ag であるため，鉄 Fe が陽イオンとなり溶け，銀 Ag が析出する。正しい。

$$Fe + 2Ag^{+} \longrightarrow Fe^{2+} + 2Ag$$

② イオン化傾向が Zn ＞ Cu であるため，亜鉛 Zn が陽イオンとなり溶け，**銅 Cu が析出**する。誤り。

$$Zn + Cu^{2+} \longrightarrow Zn^{2+} + Cu$$

③ 希硝酸に銅 Cu を入れると溶けるが，**一酸化窒素 NO** が発生する。誤り。

④ 濃硝酸にアルミニウム Al を入れると，緻密な酸化被膜をつくり内部を保護する（**不動態**）ため，アルミニウムは**溶けない**。誤り。

EXERCISE 5 ●銅と亜鉛

銅と亜鉛の性質に関する記述として正しいものはどれか。最も適当なものを，次の ①～④ のうちから一つ選べ。

① 銅は希塩酸には溶けないが，希硝酸や希硫酸には溶ける。
② 亜鉛を希塩酸に溶かすと，塩素が発生する。
③ 硫酸亜鉛水溶液に銅板を浸すと，表面に亜鉛が析出する。
④ 熱した銅線を気体の塩素にさらすと，塩化銅（Ⅱ）が生じる。

（2022 共通テスト化学基礎 追試）

解答 ④

解説 ① 銅 Cu は H_2 よりイオン化傾向が小さいため，**希塩酸や希硫酸には溶けない**が，酸化力をもつ希硝酸，濃硝酸，熱濃硫酸に溶ける。誤り。

② 亜鉛 Zn を希塩酸に溶かすと，**水素が発生する**。誤り。

$$Zn + 2HCl \longrightarrow ZnCl_2 + H_2$$

③ イオン化傾向が Zn ＞ Cu であるため，硫酸亜鉛 $ZnSO_4$ 水溶液に銅板 Cu を浸しても，**反応は起こらない**。誤り。

④ 熱した銅線と塩素を触れさせると，塩化銅（Ⅱ）が生じる。正しい。

$$Cu + Cl_2 \longrightarrow CuCl_2$$

CHAPTER 4 酸化還元反応

POINT 3 イオン化傾向と電池 ★★★

イオン化傾向の異なる金属を電解質水溶液(電解液)に浸し，導線でつなぐと電流が流れ**電池**となる。これは，**イオン化傾向の大きい金属が酸化され陽イオンとなることで電子を放出し，イオン化傾向の小さい金属の表面で電解液中のイオンが還元される**からである。この電池において，**イオン化傾向の大きい金属は電子が流れ出すため負極**，**小さい金属は電子が流れ込むため正極**となる。

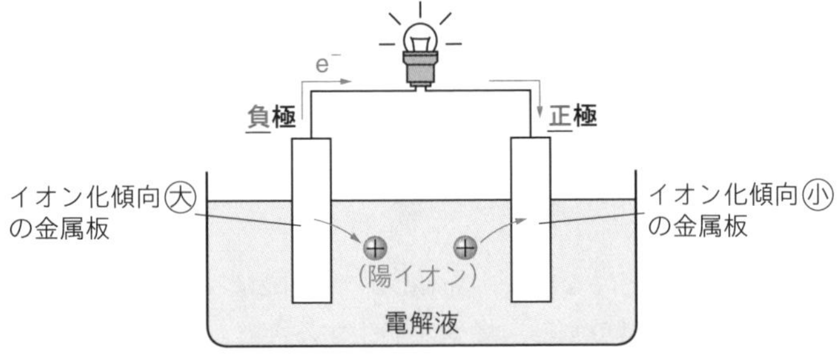

EXERCISE 6 ●イオン化傾向と電池

図1に示すように，シャーレに食塩水で湿らせたろ紙を敷き，この上に表面を磨いた金属板A～Cを並べた。次に，検流計(電流計)の黒端子と白端子をそれぞれ異なる金属板に接触させ，検流計を流れた電流の向きを記録すると，**表1**のようになった。金属板A～Cの組合せとして最も適当なものを，後の①～⑥のうちから一つ選べ。

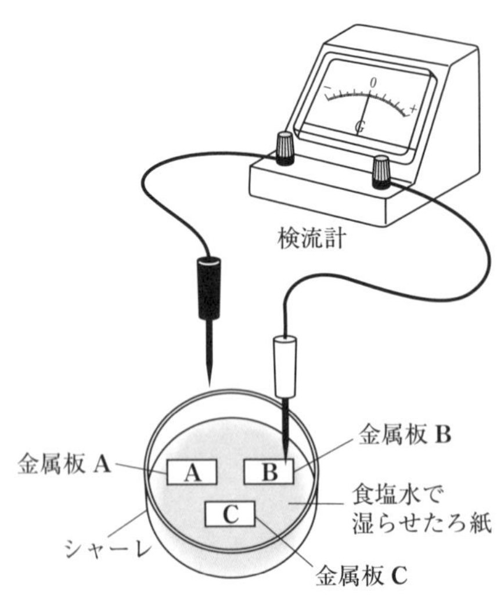

図 1

表1

黒端子側の金属板	白端子側の金属板	検流計を流れた電流の向き
A	B	BからA
B	C	BからC
A	C	AからC

	金属板A	金属板B	金属板C
①	銅	亜　鉛	マグネシウム
②	銅	マグネシウム	亜　鉛
③	マグネシウム	亜　鉛	銅
④	マグネシウム	銅	亜　鉛
⑤	亜　鉛	マグネシウム	銅
⑥	亜　鉛	銅	マグネシウム

(2017 センター化学 本試)

解答 ⑥

解説　イオン傾向の異なる2つの金属板を電解液に浸すと，イオン化傾向の**大きい**金属が**負極**，**小さい**金属が**正極**となる電池ができる。電流は正極から負極に向かって流れることから，イオン化傾向の大小関係を判断できる。

イオン化傾向が B < A，B < C，A < C とわかるため，C > A > B とわかる。金属のイオン化傾向は Mg > Zn > Cu であることから，A が **Zn**，B が **Cu**，C が **Mg** と決定される。

CHAPTER 4 酸化還元反応

EXERCISE 7 ●電池のしくみ

金属Aの板を入れたAの硫酸塩水溶液と，金属Bの板を入れたBの硫酸塩水溶液を素焼き板で仕切って作製した電池を**図1**に示す。素焼き板は，両方の水溶液が混ざるのを防ぐが，水溶液中のイオンを通すことができる。この電池の全体の反応は，式(1)によって表される。

$$\mathrm{A} + \mathrm{B}^{2+} \longrightarrow \mathrm{A}^{2+} + \mathrm{B} \quad \cdots(1)$$

この電池に関する記述として**誤りを含むもの**はどれか。最も適当なものを，下の①～④のうちから一つ選べ。

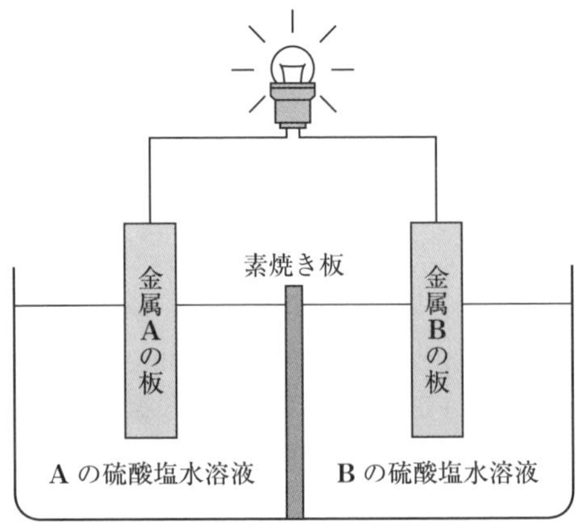

図1　電池の模式図

① 金属Aの板は負極としてはたらいている。
② 2 mol の金属Aが反応したときに，1 mol の電子が電球を流れる。
③ 反応によって，B^{2+} が還元される。
④ 反応の進行にともない，金属Aの板の質量は減少する。

(2022 共通テスト化学基礎 本試)

解答 ②

解説 化学反応式 $\mathrm{A} + \mathrm{B}^{2+} \longrightarrow \mathrm{A}^{2+} + \mathrm{B}$ は，電子 e^- を用いて以下のように表すことができる。

$$\begin{cases} \mathrm{A} \longrightarrow \mathrm{A}^{2+} + 2\mathrm{e}^- & \Rightarrow \text{負極（酸化反応）} \\ \mathrm{B}^{2+} + 2\mathrm{e}^- \longrightarrow \mathrm{B} & \Rightarrow \text{正極（還元反応）} \end{cases}$$

① 金属Aは酸化され電子を放出するため，**負極**としてはたらいている。正しい。

② **1 mol** の金属Aが反応したとき，**2 mol** の電子が流れる。誤り。
③ B^{2+} が**還元**され，金属の単体Bとなる。正しい。
④ Aは A^{2+} になり溶けるため，金属Aの板の質量は減少する。正しい。

POINT 4 実用電池 

電池とは，**酸化還元反応で生じる化学エネルギーを電気エネルギーに変換する装置**であり，電池から電流をとり出す操作を**放電**という。また，電極間に生じる電位差（電圧）を**起電力**という。

電池に，**放電時とは逆向きに電流を流し起電力を回復させる操作**を**充電**という。充電することができない電池を**一次電池**，充電することができる電池を**二次電池**という。以下に，実用化されている電池をまとめた。

	名称	負極	電解液	正極
一次電池	マンガン乾電池	Zn	$ZnCl_2$，NH_4Cl	MnO_2
	アルカリマンガン乾電池	Zn	KOH	MnO_2
	酸化銀電池	Zn	KOH	Ag_2O
二次電池	鉛蓄電池	**Pb**	**H_2SO_4**	**PbO_2**
	ニッケル・水素電池	MH※	KOH	NiO(OH)
	リチウムイオン電池	Li を含む黒鉛	リチウム塩	$LiCoO_2$
燃料電池（リン酸形）		**H_2**	**H_3PO_4**	**O_2**

※MH は水素を吸収，放出できる合金（水素吸蔵合金）を表す。

EXERCISE 8 ●化学電池

化学電池（電池）に関する記述として**誤りを含むもの**を，次の①～④のうちから一つ選べ。

① 電池の放電では，化学エネルギーが電気エネルギーに変換される。
② 電池の放電時には，負極では還元反応が起こり，正極では酸化反応が起こる。
③ 電池の正極と負極との間に生じる電位差を，電池の起電力という。
④ 水素を燃料として用いる燃料電池では，発電時（放電時）に水が生成する。

（2020 センター化学基礎 本試）

解答 ②

解説 ① 電池とは，化学エネルギーを電気エネルギーに変換する装置である。正しい。

② 電池の放電時には，電子が流れ出る負極では**酸化反応**が，電子が流れ込む正極では**還元反応**が起こる。誤り。

③ 電池の正極と負極の間に生じる電位差を，**起電力**という。正しい。

④ 燃料電池は，**水素と酸素から水ができる反応を利用した電池**であるため，放電時には水が生成する。正しい。

$$2H_2 + O_2 \longrightarrow 2H_2O$$

EXERCISE 9 ●実用電池

身のまわりの電池に関する記述として下線部に**誤りを含むもの**を，次の①～④のうちから一つ選べ。

① アルカリマンガン乾電池は，<u>正極に MnO_2</u>，負極に Zn を用いた電池であり，日常的に広く使用されている。

② 鉛蓄電池は，<u>電解液に希硫酸</u>を用いた電池であり，自動車のバッテリーに使用されている。

③ 酸化銀電池（銀電池）は，<u>正極に Ag_2O</u> を用いた電池であり，一定の電圧が長く持続するので，腕時計などに使用されている。

④ リチウムイオン電池は，負極に Li を含む黒鉛を用いた<u>一次電池</u>であり，軽量であるため，ノート型パソコンや携帯電話などの電子機器に使用されている。

（2018 センター化学基礎 本試）

解答 ④

解説 ① アルカリマンガン乾電池は，正極に MnO_2，負極に **Zn** を用いた一次電池である。正しい。

② 鉛蓄電池の電解液には，**希硫酸 H_2SO_4** を用いる。正しい。

③ 酸化銀電池は，正極に Ag_2O，負極に **Zn** を用いた一次電池である。正しい。

④ リチウムイオン電池は負極に Li を含む黒鉛を用いた**二次電池**である。誤り。

EXERCISE 10 ●燃料電池の計算

放電時の両極における酸化還元反応が，次の式で表される燃料電池がある。

正極　$O_2 + 4H^+ + 4e^- \longrightarrow 2H_2O$

負極　$H_2 \longrightarrow 2H^+ + 2e^-$

この燃料電池の放電で，2.0 mol の電子が流れたときに生成する水の質量と，消費される水素の質量はそれぞれ何 g か。質量の数値の組合せとして最も適当なものを，次の ① ～ ⑨ のうちから一つ選べ。ただし，流れた電子はすべて水の生成に使われるものとする。(原子量 H＝1.0，O＝16)

	生成する水の質量〔g〕	消費される水素の質量〔g〕
①	9.0	1.0
②	9.0	2.0
③	9.0	4.0
④	18	1.0
⑤	18	2.0
⑥	18	4.0
⑦	36	1.0
⑧	36	2.0
⑨	36	4.0

(2021 共通テスト化学基礎 第 1 日程)

解答 ⑤

解説　正極の反応式より，電子 e^- が 2.0 mol 流れたとき，水 H_2O が 1.0 mol 生成する。よって，生成する水の質量は，$H_2O = 18$ なので，

1.0 mol × 18 g/mol ＝ **18 g**

負極の反応式より，電子 e^- が 2.0 mol 流れたとき，水素 H_2 が 1.0 mol 消費される。よって，消費される水素の質量は，$H_2 = 2.0$ なので，

1.0 mol × 2.0 g/mol ＝ **2.0 g**

EXERCISE 11 ●身のまわりの酸化還元反応

次の記述のうち，酸化還元反応が**関与していないもの**はどれか。最も適当なものを，次の①～④のうちから一つ選べ。

① ボーキサイトの製錬によってアルミニウムを製造した。
② お湯を沸かすために，都市ガスを燃焼させた。
③ 氷砂糖の塊を水に入れると，塊が小さくなった。
④ グレープフルーツにマグネシウムと銅を電極として差し込み，導線でつなぐと電流が流れた。

(2022 共通テスト化学基礎 追試)

解答 ③

解説 ① **ボーキサイトの主成分は酸化アルミニウム Al_2O_3** であるため，それを**還元**することで単体のアルミニウム Al を製造する。

② 都市ガスの主成分はメタン CH_4 であり，燃焼するとメタン CH_4 が**酸化**され，二酸化炭素 CO_2 と水 H_2O に変化する。

$$CH_4 + 2O_2 \longrightarrow CO_2 + 2H_2O$$

③ 氷砂糖の塊が**水に溶解**し，塊が小さくなるため，酸化還元反応は関与していない。

④ イオン化傾向の異なるマグネシウム Mg と銅 Cu を電極としてつなぎ，酸性のグレープフルーツに差し込むと，イオン化傾向の大きい Mg が**酸化**され，グレープフルーツ中に含まれる陽イオンが **還元** されることで電池となる。

EXERCISE 12 ●身のまわりの金属

金属**ア**・**イ**は，銅 Cu，亜鉛 Zn，銀 Ag，鉛 Pb のいずれかである。次の記述（I・II）に当てはまる金属として最も適当なものを，下の①～④のうちから一つずつ選べ。ただし，同じものを選んでもよい。

I　**ア**は二次電池の電極や放射線の遮蔽材(しゃへいざい)などとして用いられる。**ア**の化合物には，毒性を示すものが多い。

II　**イ**の電気伝導性，熱伝導性はすべての金属元素の単体の中で最大である。**イ**のイオンは，抗菌剤に用いられている。

①　Cu　　②　Zn　　③　Ag　　④　Pb

（2021 共通テスト化学基礎 第 2 日程）

解答　**ア**　④　　**イ**　③

解説　**ア**　Pb は二次電池である**鉛蓄電池の電極**として用いられている。また，鉛板は放射線を通さないため，**放射線の遮蔽材**としても利用されている。

イ　Ag はすべての金属元素の単体の中で**電気伝導性，熱伝導性が最も大きい**。また，Ag^+ は**抗菌剤**として利用されている。

SUMMARY & CHECK

- ✔イオン化列を覚えているか。　➡ POINT 1
- ✔金属の反応性を覚えているか。　➡ POINT 2
- ✔イオン化傾向と電池の関係が理解できているか。　➡ POINT 3

チャレンジテスト(大学入学共通テスト実戦演習) 4

→解答は別冊 p. 12

1 次の文章を読み，問い(**問1〜3**)に答えよ。

電気陰性度は，原子が共有電子対を引きつける相対的な強さを数値で表したものである。アメリカの化学者ポーリングの定義によると，**表1**の値となる。

原子	H	C	O
電気陰性度	2.2	2.6	3.4

表1　ポーリングの電気陰性度

共有結合している原子の酸化数は，電気陰性度の大きい方の原子が共有電子対を完全に引きつけたと仮定して定められている。たとえば水分子では，**図1**のように酸素原子が矢印の方向に共有電子対を引きつけるので，酸素原子の酸化数は -2，水素原子の酸化数は $+1$ となる。

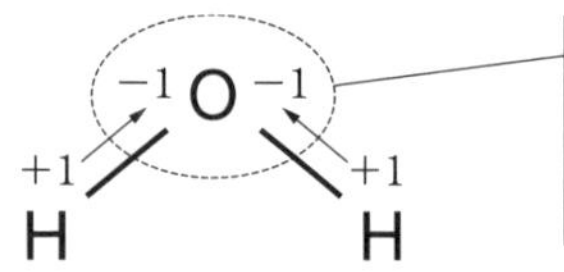

2個の水素原子から電子を1個ずつ引きつけるので，酸素原子の酸化数は -2 となる。

図　1

同様に考えると，二酸化炭素分子では，**図2**のようになり，炭素原子の酸化数は $+4$，酸素原子の酸化数は -2 となる。

−1　+1　+1　−1

O ═ C ═ O

−1　+1　+1　−1

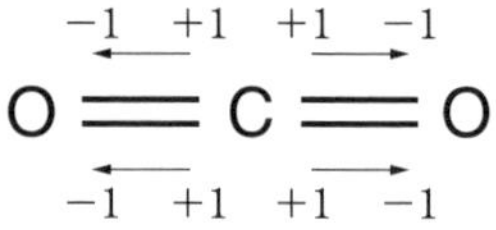

図　2

ところで，過酸化水素分子の酸素原子は，**図3**のように O–H 結合において共有電子対を引きつけるが，O–O 結合においては，どちらの酸素原子も共有電子対を引きつけることができない。したがって，酸素原子の酸化数はいずれも -1 となる。

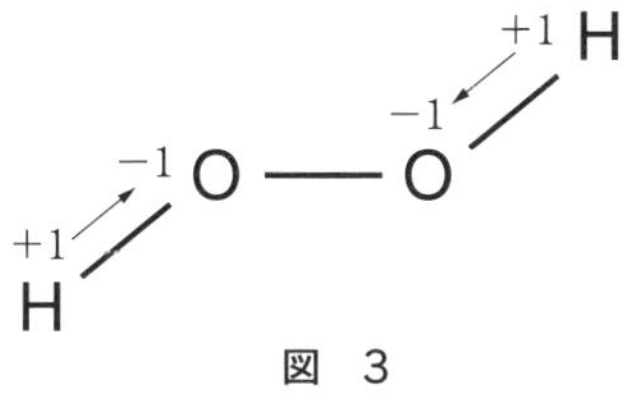

図　3

問1　H_2O，H_2，CH_4 の分子の形を**図4**に示す。これらの分子のうち，酸化数が +1 の原子を含む無極性分子はどれか。正しく選択しているものを，下の ① ～ ⑥ のうちから一つ選べ。

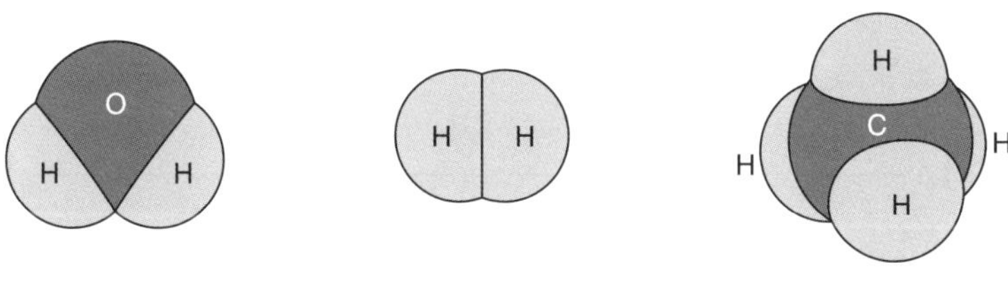

図　4

① H_2O　② H_2　③ CH_4　④ H_2O と H_2
⑤ H_2O と CH_4　⑥ H_2 と CH_4

問2　エタノールは酒類に含まれるアルコールであり，酸化反応により構造が変化して酢酸となる。

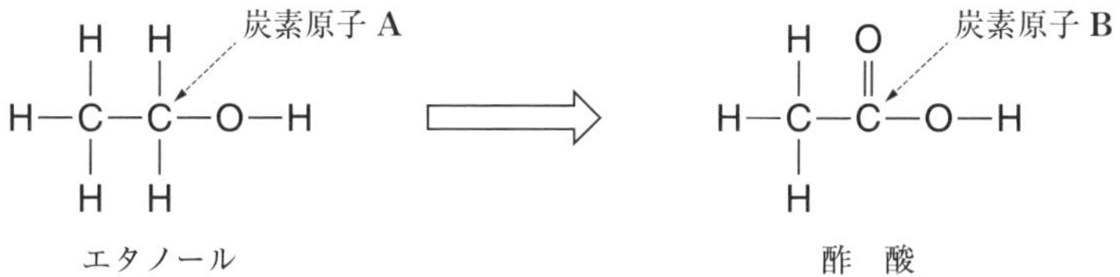

エタノール分子中の炭素原子 **A** の酸化数と，酢酸分子中の炭素原子 **B** の酸化数は，それぞれいくつか。最も適当なものを，次の ① ～ ⑨ のうちから一つずつ選べ。ただし，同じものを繰り返し選んでもよい。

① +1　② +2　③ +3　④ +4　⑤ 0　⑥ −1
⑦ −2　⑧ −3　⑨ −4

問3　清涼飲料水の中には，酸化防止剤としてビタミンC(アスコルビン酸) $C_6H_8O_6$ が添加されているものがある。ビタミンCは酸素 O_2 と反応することで，清涼飲料水中の成分の酸化を防ぐ。このときビタミンCおよび酸素の反応は，次のように表される。

$$C_6H_8O_6 \longrightarrow C_6H_6O_6 + 2H^+ + 2e^-$$

ビタミンC　　ビタミンCが酸化されたもの

$$O_2 + 4H^+ + 4e^- \longrightarrow 2H_2O$$

ビタミンCと酸素が過不足なく反応したときの，反応したビタミンCの物質量と，反応した酸素の物質量の関係を表す直線として最も適当なものを，次の①～⑤のうちから一つ選べ。

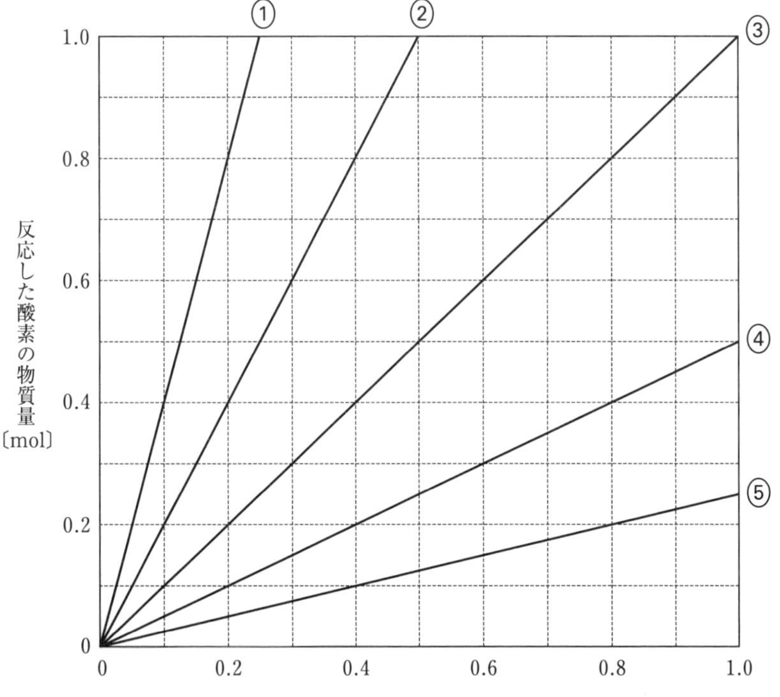

(大学入学共通テスト試行調査 化学基礎)

2 次の文章を読み，後の問い（**問1～3**）に答えよ。

COD（化学的酸素要求量）は，水1Lに含まれる有機化合物などを酸化するのに必要な過マンガン酸カリウム $KMnO_4$ の量を，酸化剤としての酸素の質量〔mg〕に換算したもので，水質の指標の一つである。ヤマメやイワナが生息できる渓流の水質はCODの値が1 mg/L以下であり，きれいな水ということができる。

CODの値は，試料水中の有機化合物と過不足なく反応する $KMnO_4$ の物質量から求められる。いま，有機化合物だけが溶けている無色の試料水がある。この試料水のCODの値を求めるために，次の実験操作（**操作1～3**）を行った。なお，操作手順の概略は次ページの**図1**に示してある。

準　備　試料水と対照実験用の純水を，それぞれ100 mLずつコニカルビーカーにとった。

操作1　準備した二つのコニカルビーカーに硫酸を加えて酸性にした後，両方に物質量 n_1〔mol〕の $KMnO_4$ を含む水溶液を加えて振り混ぜ，沸騰水につけて30分間加熱した。これにより，試料水中の有機化合物を酸化した。加熱後の水溶液には，未反応の $KMnO_4$ が残っていた。なお，この加熱により $KMnO_4$ の一部が分解した。分解した $KMnO_4$ の物質量は，試料水と純水のいずれも x〔mol〕とする。

操作2　二つのコニカルビーカーを沸騰水から取り出し，両方に還元剤として同量のシュウ酸ナトリウム $Na_2C_2O_4$ 水溶液を加えて振り混ぜた。加えた $Na_2C_2O_4$ と過不足なく反応する $KMnO_4$ の物質量を n_2〔mol〕とする。反応後の水溶液には，未反応の $Na_2C_2O_4$ が残っていた。

操作3　コニカルビーカーの温度を50～60℃に保ち，$KMnO_4$ 水溶液を用いて，残っていた $Na_2C_2O_4$ を滴定した。滴定で加えた $KMnO_4$ の物質量は，試料水では n_3〔mol〕，純水では n_4〔mol〕だった。

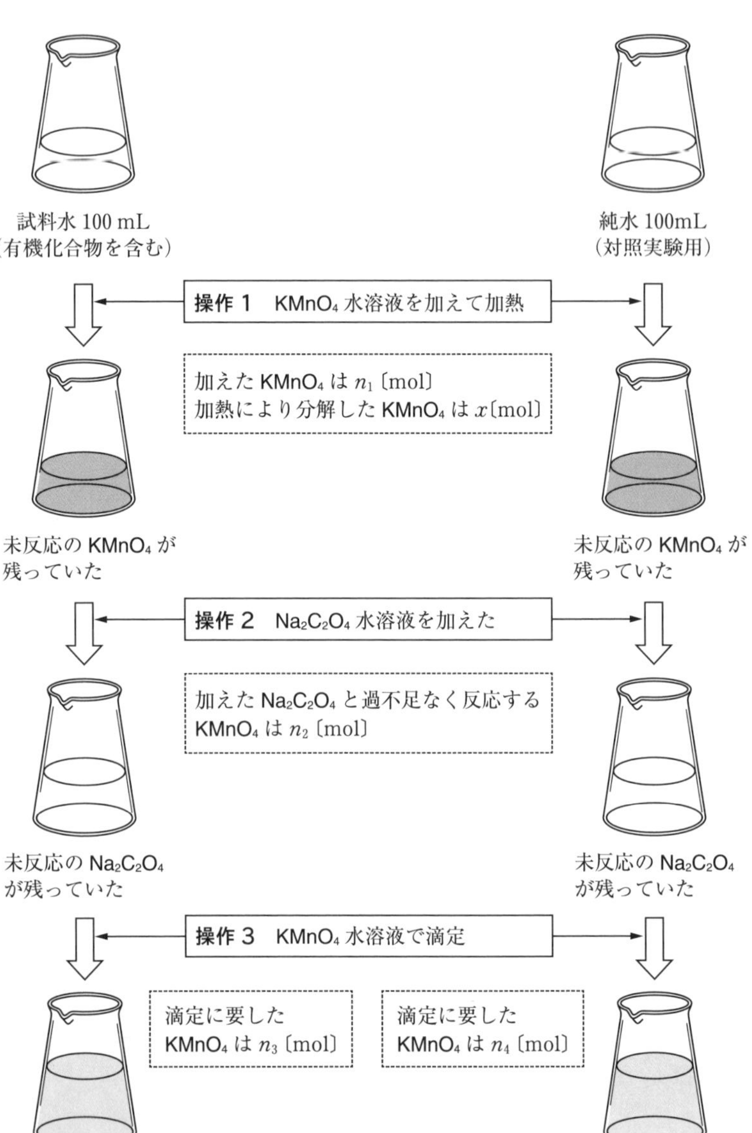
試料水 100 mL
（有機化合物を含む）
純水 100mL
（対照実験用）
操作 1　KMnO₄ 水溶液を加えて加熱
加えた KMnO₄ は n₁〔mol〕
加熱により分解した KMnO₄ は x〔mol〕
未反応の KMnO₄ が
残っていた
未反応の KMnO₄ が
残っていた
操作 2　Na₂C₂O₄ 水溶液を加えた
加えた Na₂C₂O₄ と過不足なく反応する
KMnO₄ は n₂〔mol〕
未反応の Na₂C₂O₄
が残っていた
未反応の Na₂C₂O₄
が残っていた
操作 3　KMnO₄ 水溶液で滴定
滴定に要した
KMnO₄ は n₃〔mol〕
滴定に要した
KMnO₄ は n₄〔mol〕

図　1

問1　$Na_2C_2O_4$ が還元剤としてはたらく反応は，次の電子を含むイオン反応式で表される。

$$\underline{C}_2O_4^{2-} \longrightarrow 2\underline{C}O_2 + 2e^-$$

下線を付した原子の酸化数の変化として正しいものを，次の①～⑤のうちから一つ選べ。

① 2減少　② 1減少　③ 変化なし　④ 1増加　⑤ 2増加

問2　次の文章を読み，下の問い(**a**・**b**)に答えよ。

この試料水中の有機化合物と過不足なく反応する $KMnO_4$ の物質量 n〔mol〕を求めたい。**操作1～3**で，試料水と純水のそれぞれにおいて，加えた $KMnO_4$ の物質量の総量と消費された $KMnO_4$ の物質量の総量は等しい。このことから導かれる式を n，n_1，n_2，n_3，n_4，x のうちから必要なものを用いて表すと，試料水では［1］，純水では［2］となる。これら二つの式から，$n=$［3］となる。

a　［1］・［2］に当てはまる式として最も適当なものを，次の①～⑥のうちからそれぞれ一つずつ選べ。

① $n_1 + n_2 = n + n_3 - x$　② $n_1 + n_2 = n + n_3 + x$
③ $n_1 + n_3 = n + n_2 + x$　④ $n_1 + n_2 = n_4 - x$
⑤ $n_1 + n_2 = n_4 + x$　⑥ $n_1 + n_4 = n_2 + x$

b　［3］に当てはまる式として最も適当なものを，次の①～⑤のうちから一つ選べ。

① $n_3 - n_4$　② $n_1 + n_3 - n_4$
③ $n_2 + n_3 - n_4$　④ $n_1 + n_2 + n_3 - n_4$
⑤ $n_1 - n_2 + n_3 - n_4$

問3 次の文章中の 4 ～ 6 に当てはまる数字を，下の①～⓪のうちから一つずつ選べ。ただし，同じものを繰り返し選んでもよい。

過マンガン酸イオン MnO_4^- と酸素 O_2 は，酸性溶液中で次のように酸化剤としてはたらく。

$$MnO_4^- + 8H^+ + 5e^- \longrightarrow Mn^{2+} + 4H_2O$$

$$O_2 + 4H^+ + 4e^- \longrightarrow 2H_2O$$

したがって，$KMnO_4$ 4 mol は，酸化剤としての O_2 4 mol に相当する。

この試料水 100 mL 中の有機化合物と過不足なく反応する $KMnO_4$ の物質量 n は，2.0×10^{-5} mol であった。試料水 1.0 L に含まれる有機化合物を酸化するのに必要な $KMnO_4$ の量を，O_2 の質量〔mg〕に換算して COD の値を求めると， 5 . 6 mg/L になる。(原子量 O=16)

① 1　② 2　③ 3　④ 4　⑤ 5　⑥ 6　⑦ 7
⑧ 8　⑨ 9　⓪ 0

(大学入学共通テスト試行調査 化学 第1回)

CHAPTER 5

化学と人間生活

THEME 14 化学と人間生活

GUIDANCE 金属，プラスチック，洗剤など，私たちは日常生活の中で，さまざまな物質を利用している。共通テストにも，人間生活に関わりのある物質に関する問題が出題される。本THEMEでは，化学と人間生活に関する問題を演習し，理解しよう。

POINT 1 人間生活の中の化学 

人間生活に多く用いられる物質にはさまざまなものがある。その代表的なものを以下にまとめた。

(1) 金属

①**鉄 Fe**…人間が最も多く利用している金属。その単体は，**鉄鉱石（主成分は酸化鉄）を還元して得られる**。純粋な鉄は比較的やわらかく，少量の炭素を混ぜると硬い**鋼**となる。

②**銅 Cu**…古くから利用されている赤色の金属で，熱や電気をよく通す。その単体は**純銅と粗銅を電極として電気分解を行う電解精錬**で得られる。黄銅や青銅など，他の金属と融かし合わせた**合金**として硬貨などに利用されている。

③**アルミニウム Al**…鉄に次いで多く利用されている金属で，やわらかく加工しやすい。鉱石であるボーキサイトからアルミニウムの**単体の製造には多量の電気エネルギーを必要とする**ため，**電気の缶詰**とよばれる。合金である**ジュラルミン**は軽くて強いため，飛行機や電車などに利用されている。

(2) セラミックス…天然の無機物を焼成してつくられる非金属材料。

①**陶磁器**…粘土などの材料を成形し，乾燥して焼き固めたもの。

②**ガラス**…けい砂（主成分は**二酸化ケイ素**）に炭酸ナトリウム Na_2CO_3 や炭酸カルシウム $CaCO_3$ などを加えて融解させ，冷やして固めたもの。透明で耐熱性や耐薬品性が高い。構成粒子の配列が不規則である。

③**ファインセラミックス**…高度に精製された原料を用いて，精密な工程でつくられるセラミックス。エレクトロニクス分野や医療分野で使われる。

(3) プラスチック（合成樹脂）…おもに石油を原料にして人工的につくられた高分子化合物。熱を加えるとやわらかくなる**熱可塑性樹脂**と，熱を加えると硬くなる**熱硬化性樹脂**に分類される。

(4) **合成繊維**…化学的に合成された繊維。絹の特徴をもつナイロンが初めて合成された合成繊維である。綿の特徴をもつビニロンや，羊毛の特徴をもつアクリル繊維，**ポリエチレンテレフタラート**などのポリエステルなどがある。

EXERCISE 1 ●身のまわりの金属

身近に使われている金属に関する次の **a** ～ **c** の文中の空欄 ア ～ ウ に入る語の組合せとして最も適当なものを，下の ① ～ ⑥ のうちから一つ選べ。

a ア は，電気をよく通し，導線に使われている。
b イ は，最も生産量が多く，橋，ビルや機械器具の構造材料に使われている。
c ウ は，軽く，飲料用缶やサッシ（窓枠）に使われている。

	ア	イ	ウ
①	アルミニウム	銅	鉄
②	アルミニウム	鉄	銅
③	鉄	銅	アルミニウム
④	鉄	アルミニウム	銅
⑤	銅	アルミニウム	鉄
⑥	銅	鉄	アルミニウム

（大学入学共通テスト試行調査 化学基礎）

解答 ⑥
解説 **ア** 電気をよく通し，導線に使われている金属は**銅**である。
イ 最も生産量の多い金属は**鉄**である。
ウ 軽く，飲料用缶などに使われている金属は**アルミニウム**である。

CHAPTER 5 化学と人間生活

EXERCISE 2 ●日常生活に関わる物質

日常の生活に関わる物質の記述として下線部に**誤りを含むもの**を，次の①～⑤のうちから一つ選べ。

① プラスチックは，おもに石油からつくり出される高分子化合物である。
② 白金は，空気中で化学的に変化しにくいため，宝飾品に用いられる。
③ ダイヤモンドは，非常に硬いため，研磨剤に用いられる。
④ 鉄は，鉄鉱石をコークスで酸化して得られる。
⑤ アルミニウムは，ボーキサイトからの製錬に多量の電力を必要とするため，回収して再利用する。

(2015 センター化学基礎 本試)

解答 ④

解説 ① プラスチック(合成樹脂)は，おもに石油からつくられた**合成高分子化合物**である。正しい。
② 白金 Pt は**イオン化傾向がとても小さく酸化されにくい**ため，化学的に変化しにくい。正しい。
③ ダイヤモンドは**共有結合の結晶**であるため，非常に硬い。正しい。
④ 鉄は，その酸化物を主成分とする鉄鉱石をコークスで**還元**して得られる。誤り。
⑤ アルミニウムは電気の缶詰ともよばれ，その製錬には多量の電力を必要とする。正しい。

EXERCISE 3 ●物質の用途

物質の用途に関する記述として**誤りを含むもの**を，次の①～⑤のうちから一つ選べ。

① 塩化ナトリウムは，塩素系漂白剤の主成分として利用されている。
② アルミニウムは，1円硬貨や飲料用の缶の材料として用いられている。
③ 銅は，電線や合金の材料として用いられている。
④ ポリエチレンテレフタラートは，飲料用ボトルに用いられている。
⑤ メタンは，都市ガスに利用されている。

（2018 センター化学基礎 本試）

解答 ①

解説 ① 塩化ナトリウム NaCl は**食塩**の成分であり，漂白剤には利用されていない。誤り。（塩素系漂白剤として利用されているのは，次亜塩素酸ナトリウム NaClO である。）
② アルミニウム Al は，1円硬貨やアルミ缶として利用される。正しい。
③ 銅 Cu は，電気をよく通すため電線として利用される。また，**青銅**や**黄銅**などの合金の材料としても利用される。正しい。
④ ポリエチレンテレフタラートはポリエステルの一種であり，合成繊維や PET ボトルに利用される。正しい。
⑤ 都市ガスの主成分はメタン CH_4 である。正しい。

CHAPTER 5 化学と人間生活

POINT 2 化学とその役割

化学物質の中には日常生活の中で大きな役割をもつものがあり，それは生活を豊かにするために役立っている。そのような物質を以下にまとめた。

(1) **化学肥料**…植物の育成に必要不可欠な**窒素 N**，**リン P**，**カリウム K**を補い，農作物の成長を助ける。

(2) **食品添加物**…食品には，調味料や，防腐剤，酸化防止剤，着色料など目的に応じたさまざまな物質が加えられている。

(3) **洗剤**…**界面活性剤**とよばれる物質で，**水になじみやすい親水基**と**油になじみやすい疎水基**（**親油基**）をあわせもつ。洗剤に油滴を加えると，疎水基で油滴を包み込み，水中に分散する。

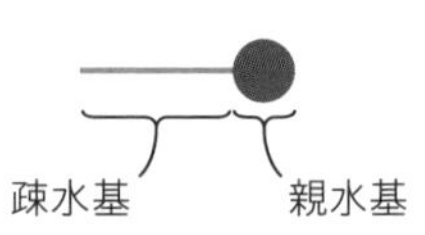

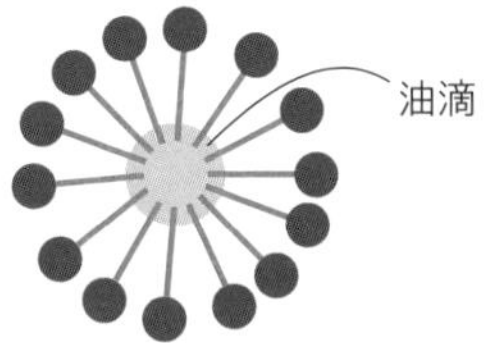

(4) **水道水と塩素**…河川水や湖水の水には病原性の微生物などが存在するため，水道水として利用される水は河川などから取り入れた水を浄化したうえで，**酸化作用**のある**塩素**を用いて殺菌消毒している。

※いずれの物質も，過剰に使用すると環境や人体などに悪影響を及ぼすため，適度な量の使用が求められる。

EXERCISE 4 ●洗剤

洗剤に関する次の文章中の下線部(a)〜(d)に**誤りを含むもの**はどれか。最も適当なものを，後の ① 〜 ④ のうちから一つ選べ。

セッケンなどの洗剤の洗浄効果は，その主成分である界面活性剤の構造や性質と関係する。界面活性剤は，水になじみやすい部分と油になじみやすい（水になじみにくい）部分をもつ有機化合物である。そして，水に溶けない油汚れなどを(a)油になじみやすい（水になじみにくい）部分が包み込み，繊維などから水中に除去する。この洗浄の作用は，界面活性剤の濃度がある一定以上のときに形成される，界面活性剤の分子が集合した粒子と関係する。そのため，(b)界面活性剤の濃度が低いと洗浄の作用は十分にはたらかない。一方，(c)適切な洗剤の使用量があり，それを超える量を使ってもその洗浄効果は高くならない。またセッケンの水溶液は(d)弱酸性を示す。加えて，カルシウムイオンを多く含む水では洗浄力が低下する。洗剤の構造や性質を理解して使用することは，環境への影響に配慮するうえで重要である。

① (a)　② (b)　③ (c)　④ (d)

（2022 共通テスト化学基礎 本試）

解答 ④

解説 (a) 界面活性剤は，油汚れを油になじみやすい部分である**疎水基**が包み込む。正しい。

(b) 界面活性剤の濃度が低いと油汚れを十分に包み込むことができないため，洗浄の作用が十分にはたらかない。正しい。

(c) 界面活性剤の適切な使用量を超えても，**油汚れを包み込むことなく界面活性剤がそのまま余る**ため，洗浄効果が高くなることはない。正しい。

(d) セッケンは**弱酸**である脂肪酸と**強塩基**である水酸化ナトリウムが中和した塩であるため，セッケンの水溶液は**弱塩基性**を示す。誤り。

EXERCISE 5 ●生活に関わる物質①

生活に関わる物質の記述として下線部に**誤りを含むもの**を，次の①～⑤のうちから一つ選べ。

① ステンレス鋼は，鉄とアルミニウムの合金であり，さびにくいため流し台などに用いられる。
② セッケンなどの洗剤には，その構造の中に水になじみやすい部分と油になじみやすい部分がある。
③ 塩素は，水道水などの殺菌に利用されている。
④ ビタミンC(アスコルビン酸)は，食品の酸化防止剤として用いられる。
⑤ 生石灰(酸化カルシウム)は，吸湿性が強いので，焼き海苔(のり)などの保存に用いられる。

(2015 センター化学基礎 追試)

解答 ①

解説 ① ステンレス鋼は，鉄 Fe にクロム Cr やニッケル Ni を融かし合わせた合金である。誤り。
② セッケンは界面活性剤であり，水になじみやすい部分(**親水基**)と油になじみやすい部分(**疎水基**)をもつ。正しい。
③ 塩素は酸化作用があるため，水道水などの**殺菌**に利用されている。正しい。
④ ビタミンC(アスコルビン酸)は**還元作用**があるため，食品の酸化防止剤として利用されている。正しい。
⑤ 生石灰 CaO は水と反応し，**吸湿性**があるため，**乾燥剤**として利用されている。正しい。

EXERCISE 6 ●生活に関わる物質②

日常生活に関連する物質の記述として下線部に**誤りを含むもの**を，次の①〜⑥のうちから一つ選べ。

① アルミニウムの製造に必要なエネルギーは，鉱石から製錬するより，リサイクルする方が節約できる。
② 油で揚げたスナック菓子の袋に窒素が充填(じゅうてん)されているのは，油が酸化されるのを防ぐためである。
③ 塩素が水道水に加えられているのは，pH を調整するためである。
④ プラスチックの廃棄が環境問題を引き起こすのは，ほとんどのプラスチックが自然界で分解されにくいからである。
⑤ 雨水には空気中の二酸化炭素が溶けているため，大気汚染の影響がなくてもその pH は 7 より小さい。
⑥ 一般の洗剤には，水になじみやすい部分と油になじみやすい部分とをあわせもつ分子が含まれる。

(2017 センター化学基礎 本試)

解答 ③

解説 ① 鉱石からのアルミニウムの製造には**多量の電気エネルギーを必要とする**ため，リサイクルする方がエネルギーをはるかに節約できる。正しい。
② 空気中の**酸素により油が酸化される**ため，酸化を防ぐ目的で窒素が充填されている。正しい。
③ **殺菌消毒**を行うため，水道水には塩素が加えられている。誤り。
④ ほとんどのプラスチックは**自然界では分解されない**ため，その廃棄が環境問題を引き起こす。正しい。
⑤ 雨水には空気中の二酸化炭素が溶け込み，**弱い酸性を示す**ため，その pH は 7 より小さい。正しい。
⑥ 洗剤は界面活性剤であり，水になじみやすい部分（**親水基**）と油になじみやすい部分（**疎水基**）をもつ。正しい。

CHAPTER 5 化学と人間生活

EXERCISE 7 ●実験の安全性

実験の安全に関する記述として**適当でないもの**を，次の①～⑤のうちから一つ選べ。

① 薬品のにおいをかぐときは，手で気体をあおぎよせる。
② 硝酸が手に付着したときは，直ちに大量の水で洗い流す。
③ 濃塩酸は，換気のよい場所で扱う。
④ 濃硫酸を希釈するときは，ビーカーに入れた濃硫酸に純水を注ぐ。
⑤ 液体の入った試験管を加熱するときは，試験管の口を人のいない方に向ける。

(2019 センター化学基礎 本試)

解答 ④

解説 ① 薬品のにおいをかぐときは，直接かぐと危険であるため，**手で気体をあおぎよせてかぐ**。正しい。

② 硝酸などの薬品が手に付着したときは，**大量の水で洗い流す**。正しい。

③ 濃塩酸のような有毒ガスが生じる揮発性の液体は，**換気のよい場所で扱う**。正しい。

④ 濃硫酸に純水を加えると，発熱により水が沸騰し，硫酸を含んだ水が周囲に飛び散り危険であるため，濃硫酸を希釈するときは**純水に濃硫酸を少しずつ加える**。誤り。

⑤ 液体の入った試験管を加熱するときは，試験管の口から液体が飛び出す可能性があるため，**試験管の口は人のいない方に向ける**。正しい。

SUMMARY & CHECK

- ✔人間生活に利用される物質の種類を覚えているか。 ➡ POINT 1
- ✔人間生活で役割をもつ物質の種類とその役割を理解しているか。 ➡ POINT 2

チャレンジテスト（大学入学共通テスト実戦演習） 5

→解答は別冊 p. 14

1 プラスチック（合成樹脂）とその有効利用に関する次の文章を読み，後の問い（**問 1 ～ 4**）に答えよ。

(a)石油（原油）を原料として，さまざまな性質のプラスチックが合成され，私たちの生活に役立っている。プラスチックの生産量は世界で年間数億トンに及んでいるが，使用後廃棄されるものも多く，使用済みプラスチックの有効利用が検討されている。プラスチックの利用に関する資料によると，日本では，使用済みプラスチックは主に次の三つの方法で有効利用されている。

(1) 使用済みプラスチックを加熱融解して，(b)新しい製品の原料として再利用するマテリアルリサイクル

(2) 使用済みプラスチックを分解して，プラスチックを再び合成するための原料（単量体）や，(c)水素 H_2 や一酸化炭素 CO などの工業用原料として利用するケミカルリサイクル

(3) 使用済みプラスチックを(d)燃焼させ，熱や電気エネルギー源として利用するサーマルリサイクル

問 1 下線部(a)に関する記述として**誤りを含むもの**はどれか。最も適当なものを，次の ① ～ ④ のうちから一つ選べ。

① 石油（原油）は，沸点の違いを利用してさまざまな成分に分離してから利用されている。
② ポリ塩化ビニルは，水に溶けやすい高分子である。
③ ポリスチレンは，食品容器や緩衝材(かんしょうざい)として利用されている。
④ ナイロンは，繊維などに利用されている。

問2　下線部(b)に関して，プラスチックだけでなく金属においても再利用は重要である。4種類の金属，鉄 Fe，銅 Cu，金 Au，鉛 Pb は再利用されている。これらのうち，次の記述**ア**～**ウ**のすべてに当てはまる金属はどれか。最も適当なものを，後の①～④のうちから一つ選べ。

ア　ガスバーナーにより空気中で強く加熱すると酸化物が生成する。
イ　電気伝導性が大きく，電気器具の導線として利用されている。
ウ　純度を高めるために電解精錬されている。

①　Fe　　②　Cu　　③　Au　　④　Pb

問3　下線部(c)の H_2 と CO は，他の方法でもつくることができ，さまざまな用途に使われる。H_2 と CO に関する記述として**誤りを含むもの**はどれか。最も適当なものを，次の①～④のうちから一つ選べ。

①　H_2 は，水酸化ナトリウム水溶液の電気分解により得られる。
②　H_2 は，自動車やロケットなどの燃料として利用されている。
③　CO は，有毒な気体である。
④　CO は，製鉄で鉄鉱石を酸化するために利用されている。

問4　下線部(d)に関して，次の問い（**a**～**c**）に答えよ。

a　使用済みのポリエチレン（**PE**）の燃焼を考える上で，まずエチレン $CH_2=CH_2$ の完全燃焼を考える。エチレンの完全燃焼は次の式(1)で表される。式(1)の係数 [1]・[2] に当てはまる数字を，後の①～⑨のうちから一つずつ選べ。ただし，係数が1の場合は①を選ぶこと。同じものを繰り返し選んでもよい。

$$CH_2=CH_2 + \boxed{\ 1\ }O_2 \longrightarrow 2CO_2 + \boxed{\ 2\ }H_2O \qquad (1)$$

①　1　　②　2　　③　3　　④　4　　⑤　5
⑥　6　　⑦　7　　⑧　8　　⑨　9

b　**PE** は，多数のエチレン分子を重合してつくられる。**PE** の構造式は**図 1** に示すように，かっこ［　］内の構造 C_2H_4 と，その繰り返しの数 n を用いて表すことができる。また，n が十分大きい場合には，**PE** の分子量は，C_2H_4 の式量 28 と n の積 $28n$ とみなすことができる。$n=10000$ のとき **PE** 1.0 kg の物質量は何 mol か。最も適当な数値を，後の ①〜④ のうちから一つ選べ。

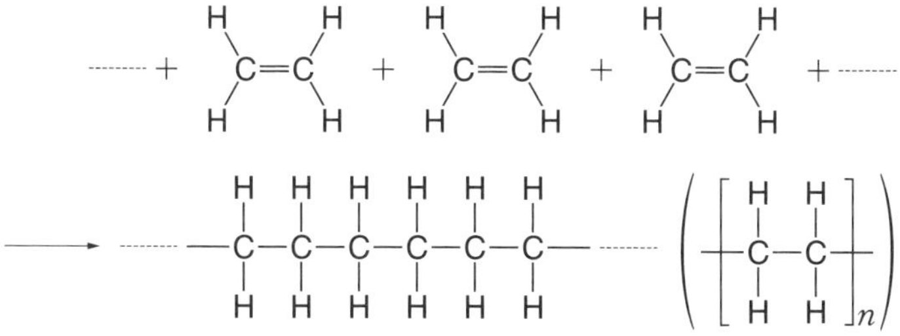

かっこ［　］内の構造が n 個つながって繰り返された構造であることを表す

図 1　エチレンからの **PE** の合成と **PE** の構造式

① 0.0018　② 0.0036　③ 0.0071　④ 0.014

c　環境に配慮すると，サーマルリサイクルでは，完全燃焼したときに得られる熱エネルギーの量（熱量）に対する二酸化炭素 CO_2（分子量 44）の生成量を考えることが大切である。ここで熱エネルギー源として，石炭に近い物質である黒鉛と **PE** を完全燃焼させたときの CO_2 の生成量を比較してみる。

黒鉛 1.0 kg を完全燃焼させると CO_2 3.7 kg が生成する。このとき発生する熱量と同じ熱量は，**PE** 0.70 kg を完全燃焼させることで得られる。**PE** 0.70 kg の完全燃焼により生成する CO_2 は何 kg か。最も適当な数値を，次の ①〜⑤ のうちから一つ選べ。なお，**図 1** に示す **PE** の構造式において繰り返しの数が n であるとき，**PE** 1 mol の完全燃焼により，CO_2 は $2n$ mol 生成する。

① 1.1　② 2.2　③ 2.6　④ 3.1　⑤ 3.7

（2023 共通テスト化学基礎 追試）

別冊

大学入試
共通テスト

化学基礎
集中講義 改訂版

旺文社

CHAPTER1　物質の構成

1 答え　問1 ①　問2 ④　問3 a ①　b ③　c ③

解説　問1 ① エタノール C_2H_5OH は**酸や塩基**，**塩ではない**ため，その水溶液は中性である。誤り。

② 一般に，**固体の体積は液体より小さく**，**密度は大きい**。正しい。(水は例外で，固体の体積は液体よりも大きく，密度が小さい)

③ エタノールは炭素 C，水素 H，酸素 O からなる物質であるため，完全燃焼すると**二酸化炭素 CO_2** と**水 H_2O** を生じる。正しい。

$$C_2H_5OH + 3O_2 \longrightarrow 2CO_2 + 3H_2O$$

④ エタノールはバイオエタノール燃料のような**燃料**，日本酒などの**飲料**，手指消毒などの**消毒薬**に用いられる。正しい。

問2 ① 水はエタノールよりも**20℃から40℃への温度上昇に要する時間が長いため，温度上昇に必要な熱量も大きい**。正しい。

② 時間 t_1 では，**エタノール水溶液の温度が徐々に上昇している段階**であるため，エタノールはまだ水溶液中に残存している。正しい。

③ **純物質の沸点は物質量には依存しない**(水は何 g であっても 1.013×10^5 Pa 下での沸点は常に 100℃)。正しい。

④ エタノール 50 g は水 50 g より短時間で蒸発することから，エタノール 1 g を蒸発させるために必要な熱量は水 1 g を蒸発させるために必要な熱量より**小さい**。誤り。

問3 a 質量パーセント濃度が 10％ のエタノール水溶液(原液A) 1000 g をつくるために必要な質量は，

$$\text{エタノール}\cdots 1000\ \text{g}\times\frac{10}{100}=\mathbf{100\ g}$$

$$\text{水}\cdots 1000\ \text{g}\times\frac{100-10}{100}=\mathbf{900\ g}$$

別解　次のように，①～④の質量パーセント濃度を求めて解いてもよい。

① $\dfrac{100}{100+900}\times100=10\%$

② $\dfrac{100}{100+1000}\times100=9.1\%$

③ $\dfrac{0.79\times100}{0.79\times100+1.00\times900}\times100=8.1\%$

④ $\dfrac{0.79\times100}{0.79\times100+1.00\times1000}\times100=7.3\%$

b　原液**A** 1000 g に対し**操作Ⅱ**を行うと，蒸留液が $1000\ \mathrm{g}\times\frac{1}{10}=100\ \mathrm{g}$，残留液が $1000\ \mathrm{g}\times\frac{9}{10}=900\ \mathrm{g}$ 得られる。**操作Ⅲ**より，原液**A**から得られた蒸留液中のエタノールの質量パーセント濃度が50％であることから，蒸留液中のそれぞれの質量は，

$$\text{エタノール}\cdots 100\ \mathrm{g}\times\frac{50}{100}=50\ \mathrm{g}$$

$$\text{水}\cdots 100\ \mathrm{g}\times\frac{100-50}{100}=50\ \mathrm{g}$$

となる。よって，残留液中のそれぞれの質量は，

エタノール…100－50＝50 g

水…900－50＝850 g

となるため，残留液中のエタノールの質量パーセント濃度は，

$$\frac{50}{50+850}\times 100=\mathbf{5.5\overset{6}{5}\%}$$

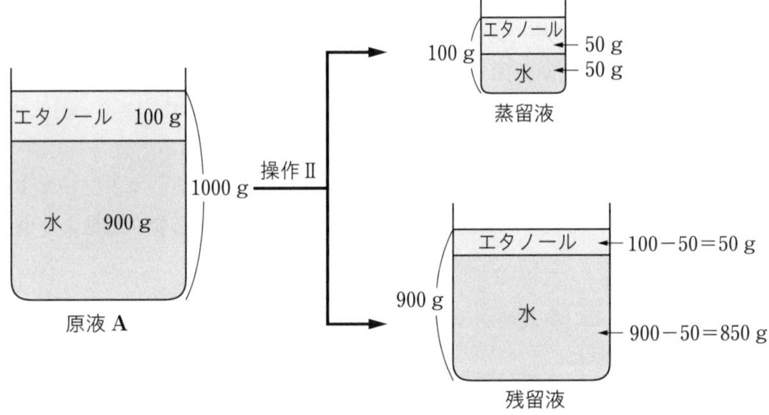

c　原液**A**に対し**操作Ⅱ**を行ったときに得られる蒸留液 1 の質量パーセント濃度は，**図２**より **50％** であるとわかり，原液**E**と同じ濃度と考えられる。さらに，蒸留液 1（原液**E**）に対し**操作Ⅱ**を行ったときに得られる蒸留液 2 の質量パーセント濃度は，**図２**より **78％** であるとわかる。

［原液**A**］（10％）　―加 熱→　［蒸留液 1］（50％）　＋　［残留液 1］

［蒸留液 1］＝［原液**E**］

［原液**E**］（50％）　―加 熱→　［蒸留液 2］（78％）　＋　［残留液 2］

2 答え　a ③　b 1 ④　2 ⓪　3 ①　4 ⓪

解説　a　**イ**　**原子番号と同じ数**であるため，**陽子の数**を表す。

ウ　1族元素が1，原子番号が増加するごとに1ずつ増加，また，**貴ガスが0**であるため，**価電子の数**を表す。

よって**ア**は，存在比が最も大きい同位体の**中性子の数**を表す。

b　**〈質量数〉**　**質量数**は**陽子の数と中性子の数の和**である。質量数が最も大きいのは原子番号18のアルゴン Ar であり，その値は 18＋22＝**40** となる。

〈原子番号〉　M殻に電子をもたない原子は**第1，2周期に属する元素**の原子であるため，その中で最も原子番号が大きいのは原子番号**10**のネオン Ne である。

3 答え　a ①　b ④

解説　a　**ア**の電子配置(K2)は He の電子配置であり，この電子配置をもつ1価の陽イオンは Li^+ である。また，**ウ**の電子配置(K2, L8)は Ne の電子配置であり，この電子配置をもつ1価の陰イオンは F^- である。よって，これらのイオンからなる化合物は **LiF** である。

b　①　**ア**の電子配置(K2)をもつ原子は He であり，貴ガスである He は**他の原子と結合をつくりにくい**。正しい。

②　**イ**の電子配置(K2, L4)をもつ原子は C であり，炭素原子 C は原子価が4であるため，他の原子と結合をつくるときに**二重結合**(エチレン $CH_2{=}CH_2$ など)や**三重結合**(アセチレン $CH{\equiv}CH$ など)をつくることができる。正しい。

③　**ウ**の電子配置(K2, L8)をもつ原子は Ne であり，貴ガスである Ne は常温・常圧で**気体**として存在する。正しい。

④　**エ**の電子配置(K2,L8,M1)をもつ原子は Na であり，**オ**の電子配置(K2,L8,M7)をもつ原子は Cl である。ナトリウム原子 Na のイオン化エネルギーは塩素原子 Cl よりも**小さい**。誤り。

⑤　塩素原子 Cl は水素原子 H と**共有結合**をつくり，塩化水素 HCl の分子をつくることができる。正しい。

CHAPTER2　物質量と化学反応式

1 答え ①

解説 **M と O_2 が過不足なく反応したとき，酸化物 M_xO_y の生成量が最大となる**ため，グラフより，M が 2.00×10^{-2} mol 反応するとき過不足なく反応するとわかる。このとき，反応した O_2 の物質量は，

$$3.00\times10^{-2}-2.00\times10^{-2}=1.00\times10^{-2}\ \text{mol}$$

よって，酸化物 M_xO_y 中の酸素原子Oの物質量は，

$$1.00\times10^{-2}\times2=2.00\times10^{-2}\ \text{mol}$$

M 原子と酸素原子Oの物質量比は，

$$\text{M}:\text{O}=2.00\times10^{-2}\ \text{mol}:2.00\times10^{-2}\ \text{mol}=1:1$$

よって，組成式は **MO** となる。

2 答え 問1 ③　問2 ①　問3 ⑥

解説 **問1** 1.0 L (=1000 mL) の生理食塩水に含まれるナトリウムイオン Na^+ の質量は，

$$35\ \text{mg}\times\frac{1000\ \text{mL}}{10\ \text{mL}}=3500\ \text{mg}=3.5\ \text{g}$$

その物質量は，

$$\frac{3.5\ \text{g}}{23\ \text{g/mol}}=\mathbf{0.152\ mol}$$

問2 ① 一般に，**水溶液の凝固点は純水よりも低い**ため，食塩水は**純水よりも低い温度で凝固**する。誤り。

② 生理食塩水中には塩化ナトリウム NaCl が含まれており，塩化物イオン Cl^- が存在するため，硝酸銀 $AgNO_3$ 水溶液を加えると**塩化銀 AgCl の白色沈殿が生じる**。正しい。

$$Ag^+ + Cl^- \longrightarrow AgCl$$

③ 塩化ナトリウム NaCl の結晶には，**ナトリウムイオン Na^+ と塩化物イオン Cl^- が同数**含まれているため，生理食塩水中の Na^+ と Cl^- の数も等しい。正しい。

④ 生理食塩水中には**ナトリウムイオン Na^+** が含まれているため，黄色の炎色反応を示す。正しい。

問3 飲料水Xの pH は **8.8〜9.4** で**弱塩基性**を示すため，BTB 溶液を加えると青色に変化する。よって，**コップⅢ**に入っていることがわかる。

注 BTB 溶液は，酸性で黄色，中性で緑色，塩基性で青色に変化する。

飲料水Zは**多くのイオンが含まれており電気をよく通す**ため，電球がつく。よっ

て，**コップⅠ**に入っていることがわかる。したがって，飲料水**Y**は**コップⅡ**に入っているとわかる。

3 答え 問1 a ア ② イ ③ ウ ⑤ b ① 問2 ③

解説 **問1** **a** 同じ電子配置をもつ $_{20}Ca^{2+}$ と $_{19}K^{+}$ のイオン半径を比べると，Ca^{2+} は K^{+} よりも陽子の数が**多く**，原子核の**正電荷**が大きいため，静電気的な引力により**電子**がより強く原子核に引きつけられ，イオン半径が小さい。

b グラフより，水 100 g に KNO_3 は 40 ℃ で 64 g，25 ℃ で 38 g 溶けることがわかる。

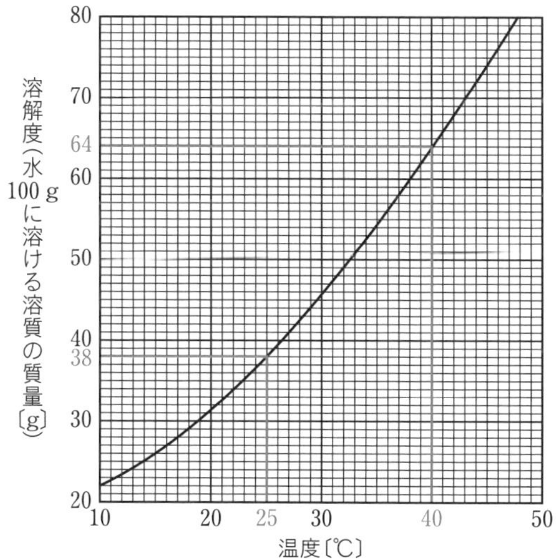

よって，40 ℃ の KNO_3 の飽和水溶液 164 g を 25 ℃ まで冷却すると，析出する KNO_3 は，

$$64 - 38 = 26 \text{ g}$$

その物質量は，

$$\frac{26 \text{ g}}{101 \text{ g/mol}} = \mathbf{0.257 \text{ mol}}$$

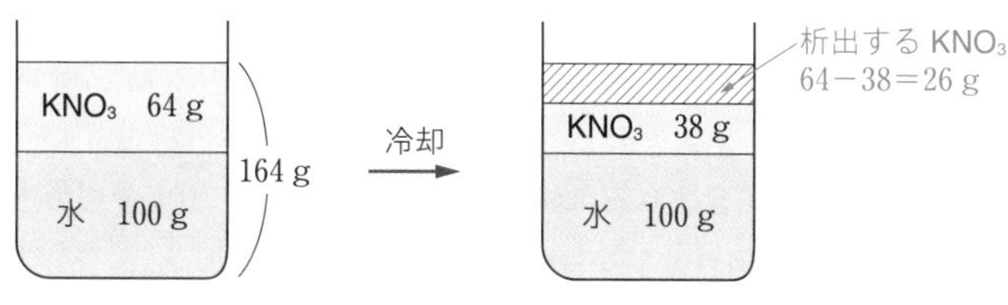

問2　表1のデータをグラフ上に取ると次図のようになる。**Ag_2SO_4 と $BaCl_2$ が過不足なく反応し，水溶液中のほとんどのイオンが沈殿するとき流れる電流が最小となる**ため，求める値はグラフより **4.6 mL** となる。

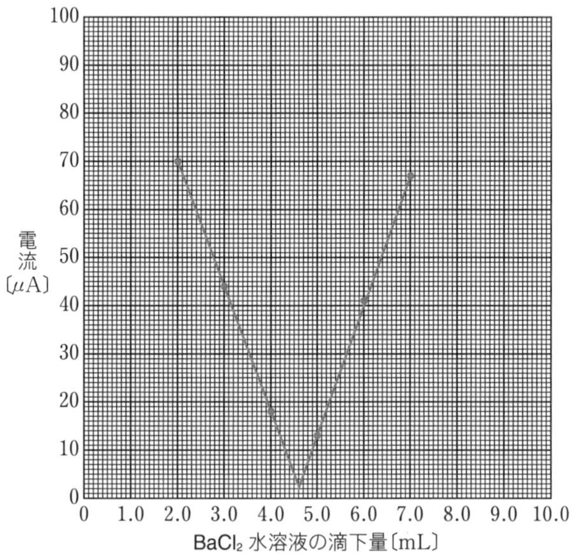

4　答え　問1　a　ア　⑧　イ　⓪　b　②　c　1　⑧　2　④
問2　a　⑥　b　③　問3　②

解説　**問1**　**a**　**ア**　He 以外の貴ガスの原子は，最外殻に **8** 個の電子をもつ。($_{10}$Ne の電子配置は K2, L8,　$_{36}$Kr の電子配置は K2, L8, M18, N8)

イ　貴ガスは化学的に安定であり，**反応や結合に関わる電子**(価電子)**をもたない**ため，価電子の数は **0** である。

b　**実験 I** で用いた Kr の体積は，1.00 g の Ne の体積と等しい。1.00 g の Ne の 0 ℃，1.013×10^5 Pa における体積は，

$$\frac{1.00\ \text{g}}{20\ \text{g/mol}} \times 22.4\ \text{L/mol} = 1.12\ \text{L}$$

よって，Kr の体積も **1.12 L** である。

c　電子天秤で両方の皿がつり合っていることから，容器内の Kr の質量は，$1.00+3.20=4.20$ g であるとわかる。Kr のモル質量を M_1〔g/mol〕とすると，**同温・同圧で同体積中に含まれる気体分子の数は等しい**(アボガドロの法則)ので，容器内の Ne と Kr の物質量が等しいことから，

$$\underbrace{\frac{1.00\ \text{g}}{20\ \text{g/mol}}}_{\text{Ne (mol)}} = \underbrace{\frac{4.20\ \text{g}}{M_1\ \text{(g/mol)}}}_{\text{Kr (mol)}}$$

$M_1 = 84\ \text{g/mol}$

よって，Kr の原子量は **84** である。

問2　a　ウ　質量保存の法則より，

(分解する $SrCO_3$ の質量) = (生じる SrO の質量) + (発生する CO_2 の質量)

の関係が成り立つ。よって，分解する $SrCO_3$ の質量と生じる SrO の質量の**差**が，発生する CO_2 の質量に等しい。

エ　生じる SrO と CO_2 の物質量は等しいため，SrO と CO_2 の質量の**比**は $SrCO_3$ の分解量にかかわらず一定となる。

このことは，生じた SrO の質量と発生した CO_2 の質量をグラフで表すと比例することからも確かめられる。

生じた SrO の質量〔g〕(加熱後に残った固体の質量)	0.400	0.800	1.200
発生した CO_2 の質量〔g〕	0.570 − 0.400 = 0.170	1.140 − 0.800 = 0.340	1.710 − 1.200 = 0.510

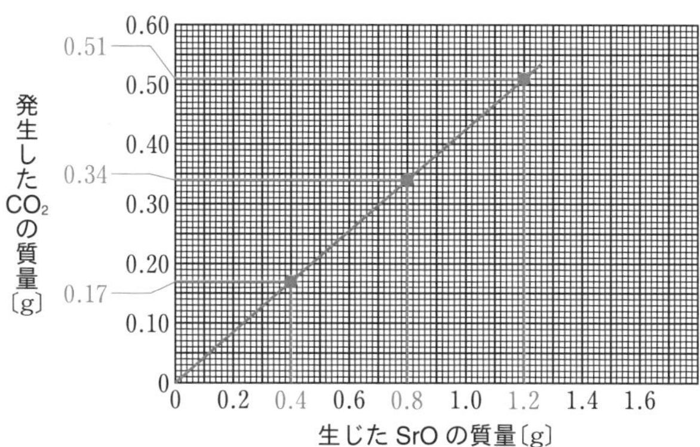

b　化学反応式より，$SrCO_3$ 1 mol が分解すると CO_2 1 mol が生成する。Sr のモル質量を M_2〔g/mol〕とおく。CO_2=44，$SrCO_3$=M_2+60 なので，

$$\underbrace{\frac{0.570\ \text{g}}{M_2 + 60\ \text{(g/mol)}}}_{SrCO_3\ \text{(mol)}} = \underbrace{\frac{0.570 - 0.400\ \text{g}}{44\ \text{g/mol}}}_{CO_2\ \text{(mol)}}$$

$M_2 = 87.5\ \text{g/mol}$ （8）

よって，Sr の原子量は **88**

別解　生じる SrO と CO_2 の質量の比は，分解する $SrCO_3$ の量にかかわらず一定

であることから，

$$0.400 : 0.170 = 40 : 17$$

である。Sr のモル質量を M_2〔g/mol〕とおく。CO_2＝44，SrO＝M_2＋16 なので，

$$SrO : CO_2 = (M_2 + 16) : 44 = 40 : 17$$

$$M_2 = 87.5\ \text{g/mol}$$

問3　試料Aを加熱すると，以下の反応が起こる。

$$MgCO_3 \longrightarrow MgO + CO_2$$

n_{Mg}〔mol〕　n_{Mg}〔mol〕

$$CaCO_3 \longrightarrow CaO + CO_2$$

n_{Ca}〔mol〕　n_{Ca}〔mol〕

化学反応式より，$MgCO_3$（式量 84）n_{Mg}〔mol〕から MgO n_{Mg}〔mol〕が，$CaCO_3$（式量 100）n_{Ca}〔mol〕から CaO n_{Ca}〔mol〕が生成する。試料Aの質量より，

$$84n_{Mg} + 100n_{Ca} = 14.2\ \text{g} \quad \cdots(a)$$

また，加熱後の MgO（式量 40）と CaO（式量 56）の質量の和より，

$$40n_{Mg} + 56n_{Ca} = 7.6\ \text{g} \quad \cdots(b)$$

式(a)，式(b)より，

$$n_{Mg} = 0.050\ \text{mol},\quad n_{Ca} = 0.10\ \text{mol}$$

よって，物質量比は，$n_{Mg} : n_{Ca} = \mathbf{1 : 2}$

CHAPTER3　酸と塩基

1 答え　問1　a　③　b　③　　問2　a　②　b　②　c　①

解説　問1　a　$NaHSO_4$ は，**H_2SO_4 の H が残っているため**酸性塩である。

b　それぞれの溶質が 1 mol 存在するとし，陽イオンがすべて水素イオン H^+ に交換されたとすると，次の溶質を含む水溶液が得られる。

ア　1 mol の KCl の K^+ を H^+ に交換すると，**1 mol の HCl** が得られる。

イ　1 mol の NaOH の Na^+ を H^+ に交換すると，**1 mol の H_2O** が得られる。

ウ　1 mol の $MgCl_2$ の Mg^{2+} を H^+ に交換すると，**2 mol の HCl** が得られる。

エ　1 mol の CH_3COONa の Na^+ を H^+ に交換すると，**1 mol の CH_3COOH** が得られる。

HCl は強酸で完全に電離するので，**ア**では 1 mol，**ウ**では 2 mol の H^+ が存在するが，CH_3COOH は弱酸で一部しか電離しないので，**エ**は 1 mol より少ない H^+ が存在する。**イ**は H_2O で中性なので H^+ はほんのわずかしか存在しない。

よって，得られた水溶液中の H^+ の物質量が最も大きいのは，**ウ**である。

問2　a　$CaCl_2$ は，**強酸である HCl と強塩基である $Ca(OH)_2$ が中和してできた正塩**であるため，**中性**を示す。

①　**2 価の強酸である希硫酸 H_2SO_4** と **1 価の強塩基である水酸化カリウム KOH 水溶液** を等量混合すると，**未反応の H_2SO_4 が余るため水溶液は酸性**を示す。

$$H_2SO_4 + 2KOH \longrightarrow K_2SO_4 + 2H_2O$$

②　**1 価の強酸である塩酸 HCl** と **1 価の強塩基である水酸化カリウム KOH 水溶液**を等量混合すると，**過不足なく反応し KCl の水溶液となり中性**を示す。

$$HCl + KOH \longrightarrow KCl + H_2O$$

③　**1 価の強酸である塩酸 HCl** と **1 価の弱塩基であるアンモニア NH_3 水**を等量混合すると，**過不足なく反応し NH_4Cl の水溶液となり酸性**を示す。

$$HCl + NH_3 \longrightarrow NH_4Cl$$

④　**1 価の強酸である塩酸 HCl** と **2 価の強塩基である水酸化バリウム $Ba(OH)_2$ 水溶液**を等量混合すると，**未反応の $Ba(OH)_2$ が余るため水溶液は塩基性**を示す。

$$2HCl + Ba(OH)_2 \longrightarrow BaCl_2 + 2H_2O$$

b　溶液を希釈し，決まった体積の溶液を調製するためには，メスフラスコを用いる必要がある。**実験 I で得られた溶液をすべてメスフラスコに移し，標線まで純水を加えて 500 mL にする**と希釈することができる。

c　**実験Ⅱ**で得られた塩酸の希釈液中に含まれるHClをx〔mol〕とする。中和反応の量的関係より，

$$\underbrace{x\,〔\mathrm{mol}〕\times\frac{10.0\ \mathrm{mL}}{500\ \mathrm{mL}}\times 1}_{\text{HClの}\mathrm{H^+}〔\mathrm{mol}〕}=\underbrace{0.100\ \mathrm{mol/L}\times\frac{40.0}{1000}\mathrm{L}\times 1}_{\text{NaOHの}\mathrm{OH^-}〔\mathrm{mol}〕}$$

$$x=0.200\ \mathrm{mol}$$

1 molのHClを得るためには$\frac{1}{2}$ molの$CaCl_2$のCa^{2+}をH^+に交換すればよい。試料**A** 11.5 g中に含まれる$CaCl_2$は，

$$\underbrace{0.200\ \mathrm{mol}\times\frac{1}{2}}_{\mathrm{CaCl_2}〔\mathrm{mol}〕}\times 111\ \mathrm{g/mol}=11.1\ \mathrm{g}$$

よって，試料**A** 11.5 g中に含まれるH_2Oは，

$$11.5-11.1=\mathbf{0.4\ g}$$

2　答え　問1　④　　問2　④　　問3　②　　問4　③

解説　**問1**　試料をx倍に希釈したとすると，試料中の塩化水素のモル濃度は約$\frac{3}{x}$ mol/Lになる。中和反応の量的関係より，

$$\underbrace{\frac{3}{x}〔\mathrm{mol/L}〕\times\frac{10}{1000}\mathrm{L}\times 1}_{\text{HClの}\mathrm{H^+}〔\mathrm{mol}〕}=\underbrace{0.1\ \mathrm{mol/L}\times\frac{15}{1000}\mathrm{L}\times 1}_{\text{NaOHの}\mathrm{OH^-}〔\mathrm{mol}〕}$$

$x=$ **20倍**

問2　①　ホールピペットが水でぬれていると，**試料溶液の濃度が低くなる**ため，水酸化ナトリウム水溶液の滴下量は小さくなる。誤り。

②　コニカルビーカーが水でぬれていても，**試料溶液中のHClの物質量に変化はない**ため，水酸化ナトリウム水溶液の滴下量は変わらない。誤り。

③　フェノールフタレインは指示薬であるため，多量に加えても水酸化ナトリウム水溶液の滴下量は変わらない。誤り。

④　ビュレットの先端に空気が入っていると，水酸化ナトリウム水溶液を滴下することでその**空気が抜け**，**ビュレットの先端が水酸化ナトリウム水溶液で満たされる**ため，その分だけ水酸化ナトリウム水溶液が実際に滴下した量より多く読みとれてしまう。正しい。

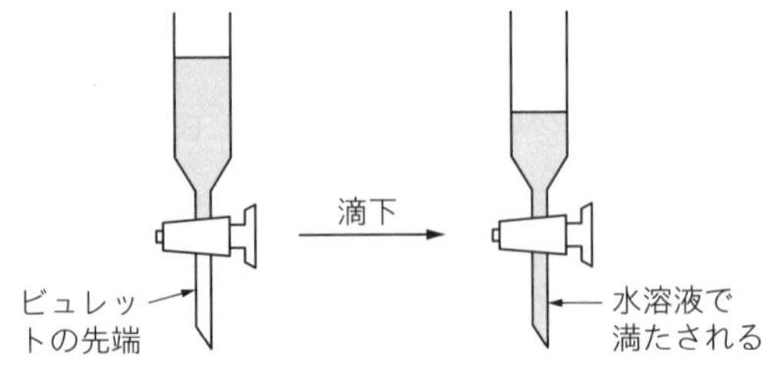

問3　溶液の体積を1L(＝1000mL)とおく。

溶液全体の質量は，

$$1.04\ g/mL \times 1000\ mL = 1040\ g$$

溶質の HCl の質量は，

$$2.60\ mol \times 36.5\ g/mol = 94.9\ g$$

この試料溶液の質量パーセント濃度は，

$$\frac{94.9\ g}{1040\ g} \times 100 = \mathbf{9.12\%}$$

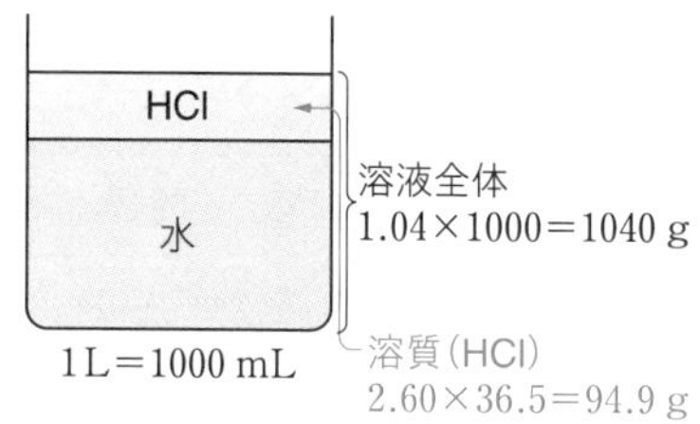

問4　式(1)の反応は，弱酸(次亜塩素酸 HClO)の塩である次亜塩素酸ナトリウム NaClO と強酸である塩酸 HCl が反応し，強酸の塩である塩化ナトリウム NaCl と弱酸である次亜塩素酸 HClO が得られるという弱酸の遊離である。

$$\underset{\text{弱塩の塩}}{NaClO} + \underset{\text{強酸}}{HCl} \longrightarrow \underset{\text{強酸の塩}}{NaCl} + \underset{\text{弱酸}}{HClO}$$

酢酸ナトリウム(弱酸の塩)に希硫酸(強酸)を加えても同様の反応が起こる。

$$\underset{\text{弱塩の塩}}{2CH_3COONa} + \underset{\text{強酸}}{H_2SO_4} \longrightarrow \underset{\text{強酸の塩}}{Na_2SO_4} + \underset{\text{弱酸}}{2CH_3COOH}$$

補足　**あ**は MnO_2 の触媒作用で H_2O_2 が分解する反応(酸化還元反応の一種)で，**う**は金属のイオン化傾向(➡p.192)にもとづく酸化還元反応である。

3　答え　⑥

解説　アンモニア NH_3 は水にとても**溶けやすい気体**である。スポイト内の水をフラスコ中に少量入れると，**アンモニアの一部が溶けフラスコ内の圧力が下がる**ため，ビーカー内の水がガラス管を通って噴水のように噴き上がる。

① アンモニア NH_3 は**水に溶けやすく空気より軽い気体**であるため，上方置換法で捕集する。正しい。

② ゴム栓がゆるんですき間があると，**フラスコ内のアンモニアが外に漏れたり，フラスコ内に空気が混ざったりする**ため，スポイトから水を入れても圧力が十分に下がらず，水が噴き上がらないことがある。正しい。

③ フラスコ内のアンモニアの量が少ないと，スポイトから水を入れても圧力変化が小さく，噴き上がる水の量が少なくなる。正しい。

④ フラスコの内側が水でぬれていると，**フラスコ内のアンモニアがその水に溶ける**ためアンモニアの量が少なくなり，スポイトから水を入れても水が噴き上がらないことがある。正しい。

⑤ アンモニアが溶け込んだ水は塩基性を示すため，BTB 溶液を加えておくと，**青色の水が噴き上がる**。正しい。

⑥ メタン CH_4 は**水に溶けにくい**ため，スポイトから水を入れても圧力が下がらず，水が噴き上がらない。誤り。

CHAPTER4　酸化還元反応

1　答え　問1　③　　問2　炭素原子A　⑥　　炭素原子B　③　　問3　④

解説　問1　H_2O は極性分子，H_2，CH_4 は無極性分子である。

H_2 はHのみからなる単体であり，**共有電子対はどちらの水素原子にも引きつけられない**ため，Hの酸化数はいずれも0である。

CH_4 では，Cの電気陰性度がHよりも大きく，右のように**C–H結合の共有電子対はC原子の方に引きつけられる**ため，Cの酸化数は -4，Hの酸化数は $+1$ となる。

問2　電気陰性度の値は O > C > H である。以下のように共有電子対が引きつけられるため，エタノール中の炭素原子Aの酸化数は -1，酢酸中の炭素原子Bの酸化数は $+3$ である。

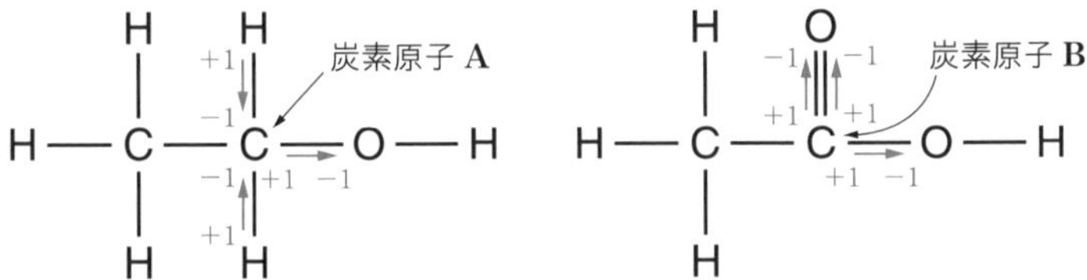

問3　与えられた反応式から e^- を消去する。

$$C_6H_8O_6 \longrightarrow C_6H_6O_6 + 2H^+ + 2e^- \quad \cdots(1)$$

$$O_2 + 4H^+ + 4e^- \longrightarrow 2H_2O \quad \cdots(2)$$

(1)×2＋(2) より，

$$2C_6H_8O_6 + O_2 \longrightarrow 2C_6H_6O_6 + 2H_2O$$

よって，ビタミンC($C_6H_8O_6$) 2 mol と反応する酸素 O_2 は 1 mol であるため，正しいグラフは④となる。

2　答え　問1　④　　問2　a　1　③　　2　⑥　　b　①
問3　4　⑤　　5　⑧　　6　⓪

解説　問1　$C_2O_4^{2-}$ のCの酸化数は $+3$，CO_2 のCの酸化数は $+4$ であるため，Cの酸化数は**1増加**している。

問2　a　**操作1～3**で，加えた $KMnO_4$ と消費された $KMnO_4$ の関係をまとめると以下の図の通りとなる。

<試料水>

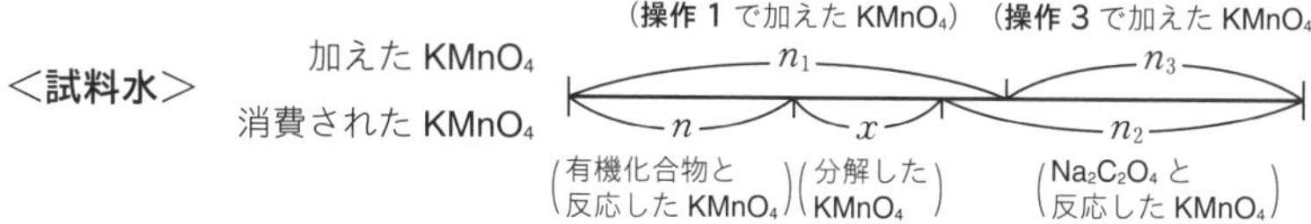

<純水>

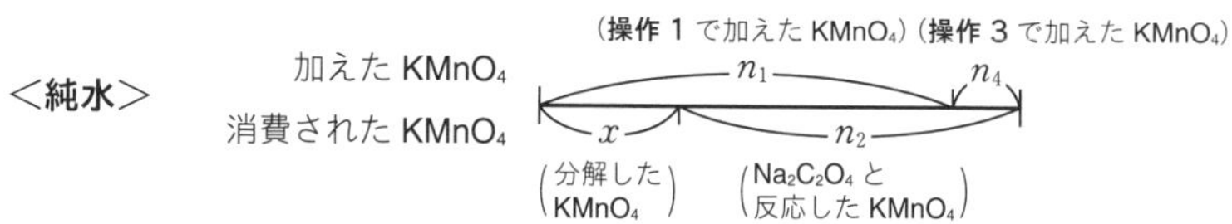

試料水について，**操作 1 および 3 で加えた $KMnO_4$ の物質量の総和**と，**操作 1 で分解した $KMnO_4$，試料水中の有機化合物と反応した $KMnO_4$，操作 2 および 3 で $Na_2C_2O_4$ と反応した $KMnO_4$ の物質量の総和**が等しいことから以下の関係式が成り立つ。

$\boldsymbol{n_1 + n_3 = n + x + n_2}$　　よって，試料水では③の関係が成り立つ。

純水について，**操作 1 および 3 で加えた $KMnO_4$ の物質量の総和**と，**操作 1 で分解した $KMnO_4$，操作 2 および 3 で $Na_2C_2O_4$ と反応した $KMnO_4$ の物質量の総和**が等しいことから以下の関係式が成り立つ。

$\boldsymbol{n_1 + n_4 = x + n_2}$　　よって，純水では⑥の関係が成り立つ。

b　③式 − ⑥式 より，　$\boldsymbol{n = n_3 - n_4}$

問3　イオン反応式より，$KMnO_4$ 4 mol が受け取ることのできる e^- は，

$4 \times 5 = 20\ \mathrm{mol}$

である。同じ物質量の e^- を O_2 が受け取るとき，消費される O_2 は，

$20\ \mathrm{mol} \times \frac{1}{4} = 5\ \mathrm{mol}$

よって，$KMnO_4$ 4 mol は，酸化剤としての O_2 **5** mol に相当する。

$$\left(\begin{array}{l} \underset{4\ \mathrm{mol}}{MnO_4^-} + 8H^+ + \underset{20\ \mathrm{mol}}{5e^-} \longrightarrow Mn^{2+} + 4H_2O \\ \underset{5\ \mathrm{mol}}{O_2} + 4H^+ + \underset{20\ \mathrm{mol}}{4e^-} \longrightarrow 2H_2O \end{array}\right)$$

以上の関係より，試料水 100 mL 中の有機化合物と過不足なく反応する $KMnO_4$ の物質量を O_2 の物質量に換算すると，

$2.0 \times 10^{-5}\ \mathrm{mol} \times \frac{5}{4} = 2.5 \times 10^{-5}\ \mathrm{mol}$

その質量は，$O_2 = 32$ なので，

$2.5 \times 10^{-5}\ \mathrm{mol} \times 32\ \mathrm{g/mol} = 0.80 \times 10^{-3}\ \mathrm{g} = 0.80\ \mathrm{mg}$

この試料水の COD は，1 L あたりに換算すると，

$\frac{0.80\ \mathrm{mg}}{0.10\ \mathrm{L}} = \mathbf{8.0\ mg/L}$

CHAPTER5　化学と人間生活

1　答え　問1　②　　問2　②　　問3　④
問4　a　1　③　　2　②　　b　②　　c　②

解説　問1　①　石油(原油)は，**さまざまな炭化水素の混合物**であるため，沸点の違いを利用してさまざまな成分に分離(分留)する。正しい。

②　ポリ塩化ビニルのような高分子化合物は，分子量が大きいため，一般に水に溶けにくい。誤り。(プラスチックの成分が水に溶けないと考えてもよい。)

③　ポリスチレンは，**発泡スチロールの主成分**であるため，食品容器や緩衝剤として利用されている。正しい。

④　ナイロンは**合成繊維**などに利用されている。正しい。

問2　**ア**　鉄 Fe，銅 Cu，鉛 Pb は，空気中で強く加熱すると酸化物が生成する。

イ　銅 Cu は電気伝導性が大きいため，電気器具の導線に利用されている。

ウ　銅 Cu は，その純度を高めるために，**電解精錬**が利用されている。

よって，**ア～ウ**のすべてに当てはまるのは，**銅 Cu** である。

問3　①　水酸化ナトリウム水溶液を電気分解すると，水素 H_2 と酸素 O_2 が得られる。正しい。

②　水素 H_2 と酸素 O_2 は燃料電池(➡ 本冊 p.199)の活物質(電池内で酸化還元反応に直接関わる物質)であるため，自動車やロケットの燃料に利用されている。正しい。

③　一酸化炭素 CO は血液中のヘモグロビンと強く結びつき，酸素の運搬を妨げるため，有毒な気体である。正しい。

④　一酸化炭素 CO は，製鉄で鉄鉱石を**還元**するために利用される。誤り。

例　$Fe_2O_3 + 3CO \longrightarrow 2Fe + 3CO_2$

問4　a　エチレンの完全燃焼の化学反応式は以下の通り。

$$CH_2{=}CH_2 + 3O_2 \longrightarrow 2CO_2 + 2H_2O$$

b　$n=10000$ の **PE**(ポリエチレン)の分子量は，$28\times10000=2.8\times10^5$ となる。

よって，**PE** 1.0 kg の物質量は，

$$\frac{1.0\times10^3\ \text{g}}{2.8\times10^5\ \text{g/mol}}=\mathbf{0.0035\overset{6}{7}\ mol}$$

c　**PE** 1 mol から CO_2 が $2n$ mol 生成する。よって，**PE** 0.70 kg から生成する CO_2 は，**PE**＝$28n$，CO_2＝44 より，

$$\frac{0.70\times10^{3}\ \mathrm{g}}{28n\ [\mathrm{g/mol}]}\times 2n \times 44\ \mathrm{g/mol}\times10^{-3}=\mathbf{2.2\ kg}$$

（←**PE**〔mol〕，←CO_2〔mol〕）

別　冊

大学入学
共通テスト

化学基礎
集中講義 改訂版